［德］迪特里希·布劳恩（Dietrich Braun） 著

任冬云 译

Simple Methods for Identification of Plastics

塑料简易鉴别方法

（原著第五版）

U0393138

化学工业出版社

·北京·

本书对不同种类塑料的溶解性、密度、加热特性三项检测内容的筛选试验方法及步骤进行了介绍，并列举了各类通用塑料及工程塑料的特殊鉴别试验手段及细节。在给出各种鉴别塑料的简易方法的同时，作者还介绍了现代科学仪器的分析方法，并给出了已知塑料品种的红外光谱，可供专业技术人员使用。

本书对于从事塑料回收、塑料制品生产等企业的技术人员有很好的参考价值。

图书在版编目（CIP）数据

塑料简易鉴别方法/〔德〕布劳恩（Braun，D.）著；任冬云译. —5 版. —北京：化学工业出版社，2014.3（2024.11 重印）
书名原文：Simple methods for identification of plastics
ISBN 978-7-122-19588-3

Ⅰ.①塑… Ⅱ.①布…②任… Ⅲ.①塑料-鉴别
Ⅳ.①TQ320.77

中国版本图书馆 CIP 数据核字（2014）第 013958 号

Simple methods for identification of plastics，5th edition/by Dietrich Braun
ISBN 978-1-56990-526-5
Copyright © 2013 by Hanser. All rights reserved.
Authorized translation from the English language edition published by
Hanser Verlag，Munich/FRG.
本书中文简体字版由 Hanser Verlag，Munich/FRG. 授权化学工业出版社独家出版发行。
未经许可，不得以任何方式复制或抄袭本书的任何部分，违者必究。

北京市版权局著作权合同登记号：01-2013-5858

责任编辑：仇志刚　梁玉兰　翁靖一　　　　　装帧设计：刘丽华
责任校对：宋　夏

出版发行　化学工业出版社
　　　　　（北京市东城区青年湖南街 13 号　邮政编码 100011）
印　　装　北京虎彩文化传播有限公司
850mm×1168mm　1/32　印张 5　字数 88 千字
2024 年 11 月北京第 1 版第 12 次印刷

购书咨询：010-64518888　　　售后服务：010-64518899
网　　址：http://www.cip.com.cn
凡购买本书，如有缺损质量问题，本社销售中心负责调换。

定　　价：28.00 元　　　　　　　　　　　版权所有　违者必究

前 言

　　加工塑料制品和使用塑料制品的厂家经常由于各种原因而需要判断某种塑料样品的化学性质。然而，与塑料原料的生产厂家相比，加工和使用塑料制品的厂家通常缺少配备专业仪器的实验室和受过培训的分析人员。完整地鉴别有机高分子材料是一个相当复杂且常常花费昂贵的问题。对于某些实际需要，判断一种未知样品属于哪类塑料通常是足够用的，例如，判断一种材料是聚烯烃或是尼龙。回答这样的问题，通常只需要使用无需特殊的化学专业知识的简单方法。

　　在这一版中，作者根据自己的经验，已经汇编精选了一些已被验证的鉴别方法。这将使得技术人员、工程师以及客户技术服务代表能够鉴别一种未知的塑料，例如，可用于质量控制或者塑料回收的目的。本书中描述的所有鉴别方法都是作者和在德国塑料研究所的课程中学生们实施过的。因此，从这本书中也可获得这些方法的更多应用。作者欢迎读者和本书的使用者提出更多的宝贵意见和建议。

显然，人们不能期望从这些简易方法中获得详细的信息。在大多数情况下，人们只满足于某种塑料的鉴别方法，而对微量的填料、增塑剂、稳定剂或其他添加剂的分析，需要通过更先进的物理和化学方法实现。类似的，也不能用简易方法对一定的组分进行鉴别，如共聚物和聚合物共混物。在这类情况下，需要更复杂的分析方法。

由于已发现这本书对塑料历史文物的收藏者、专业管理员和喜爱科学的学生是有用处的，因此，在第五版中，已经增加了一小章节，用以介绍对常用天然树脂和一些其他早期塑料的鉴别。

从本书以前的英语、德语、西班牙语和法语版本收到来自使用者以及各种塑料期刊的评论员的好评表明，尽管仪器分析中具有所有现代分析方法和进展，但对塑料的简易鉴别方法仍有需求。本书所述的分析步骤不要求特殊的化学知识，但对进行简单操作的技能还是有要求的。最重要的是要谨记在处理化学药品、溶剂和明火时一定要小心，在本书相关的章节中也将给出其他防御措施。在附录中列出了所需的仪器。对于大多数实验，建议也应进行对已知材料的同步实验来鉴别塑料（可通过美国塑料工程师协会得到一个塑料的识别数据包）。

希望此版能填补曾涵盖各种详细分析方法的众多塑料分析书籍的空白。当然，这需要权衡投入得到更好的实验成果或从简单的定性分析方法中得到更多有限的信息。

　　本书中所描述方法的研发和试验是德国塑料研究所研究项目中的一部分，作者对一些德国研究机构提供一定的资金支持表示感谢。作者同时感谢参与此项目的其他合作者，特别是 R. Disselhoff 博士、H. Pasch 博士、E. Richter 博士和提供红外光谱的 Ch. Hock 女士。最后，作者还要感谢一直友好合作并能尊重作者意愿的 Carl Hanser 出版社。

Dietrich Braun，2013 年 3 月于达姆施塔特

从美国化学家海厄特（John Wesley Hyatt）于 1869
年发明了世界上第一种塑料——赛璐珞至今，塑料的应用
已经渗透现代社会的各个领域及人民生活的各个方面。据
统计，我国从 2008 年塑料消耗总量 5200 万吨增加到
2011 年的 7075 万吨，人均消耗量从 38kg 增加到 52kg，
三年时间，全国消耗总量及人均消耗量均增加了约 36％
之多。由此而产生大量使用过的塑料或废旧塑料的再利用
已经成为各级政府和社会各界亟待解决的问题。这也是实
践低碳、节能、环保的国家经济发展战略的重要内容
之一。

对于再生塑料加工企业和塑料制品使用者而言，对未
知塑料种类的鉴别对于保证再生塑料制品的质量或正确使
用塑料制品是非常重要和必要的。

由 Dietrich Braun 编写的《塑料简易鉴别方法》第五
版，为塑料加工者和使用者，特别是塑料回收行业，对未
知塑料种类的快速鉴别提供了方便、有效、廉价的途径。

本书对不同种类塑料的溶解性、密度、加热特性三

项检测内容的筛选试验方法及步骤进行了介绍，并列举了各类通用塑料及工程塑料的特殊鉴别试验手段及细节。本书在给出各种鉴别塑料的简易方法的同时，作者还介绍了现代科学仪器的分析方法，并给出了已知塑料种类的红外光谱，可供专业技术人员使用。

因此，对塑料知识需深入学习的塑料制品加工厂家和使用者，以及对长期从事塑料加工的专业技术人员或在校大学生，这本书均可作为必备的参考书。

参与本书翻译的人员还有张志广、张植俞和霍朝沛。在此，谨向他们表示衷心的感谢！

任冬云
2013 年 10 月于北京

目　录

1 塑料及其特性

    塑料是高分子（大分子或者聚合物）的有机物质，它们通常是由不同的低分子组分合成而得到的。它们也可以通过对天然高分子材料化学改性而获得，尤其是纤维素。塑料最常见的原料是石油、天然气、煤，它们可以与空气、水或者氯化钠反应，以制备反应性单体。从单体制备塑料的最重要的工业合成工艺，也许可以根据聚合物的形成反应的机理来分类，如聚合反应和缩合反应。但是，由于一些在化学上相同或相似的塑料可以通过不同的原料、不同的方法制备，这种分类对未知塑料样品的分析几乎没有任何意义。另一方面，除了化学分析，塑料的外观以及加热时的行为对它的鉴别也有利。

    存在有构成一种塑料的单个大分子之间的物理相互作用，正如低分子混合物的分子之间的相互作用。这些物理作用是产生内聚力和相关性质的原因，如强度、硬度和软化行为。由线型丝状分子（几百纳米长，零点几纳米直径）（$1nm = 10^{-9}m = 10\text{Å} = 10^{-6}mm$）构成的塑料，即由大分子构成的塑料，并没有被很强地交联，通常可以在加热时被软化。在很多情况下，它们可以熔融。因此，当一种聚合物材料被加热超过一定温度时，在低温时或多或少可被相互取向的大分子相互滑移，以形成一种黏度相对高的熔体。根据固态下大分子的有序度，可以区分为部分结晶型和无定形（主要是无序的）塑料（见图 1.1）。有序度还可以影响塑料在加热时和溶解时的行为。

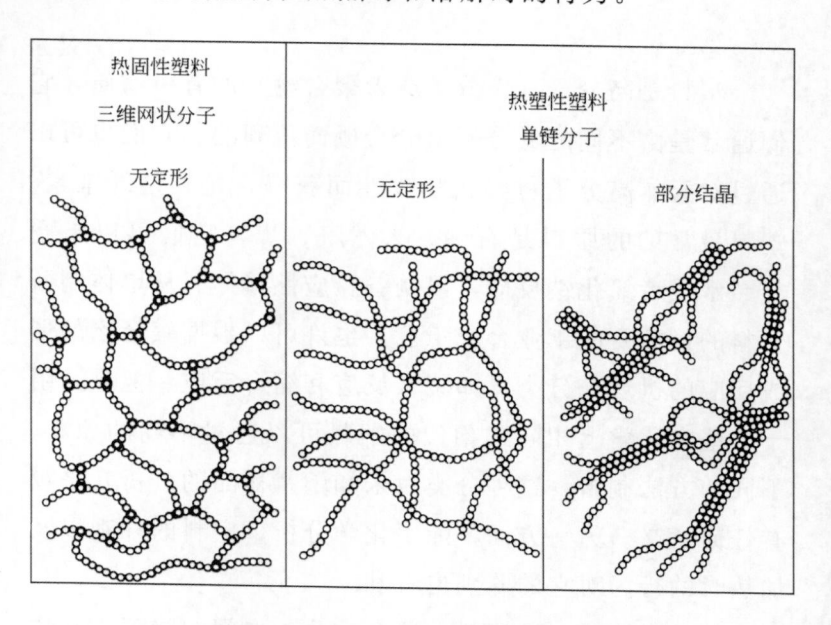

图 1.1　塑料结构的示意图，显示了大分子排列的 3 种
主要类型。大约是实际尺寸的 1000000 倍。并被大大
简化（由于链折叠，微晶体也可能发生）。

　　加热时软化并开始流动的塑料被称为热塑性塑料。热塑性塑料冷却后会再次成为固体。这一过程可以多次

重复。也有一些例外，比如，当化学稳定性（用化学降解开始的温度表示），由于分子链相互作用，而低于大分子之间的内聚力时，在这种情况下，加热后的塑料要经过化学变化后才会达到其软化点或熔点。

另一种表示是，除了个别例外，线型或支化大分子在许多液体中的溶解度，比如有机溶剂。这个过程还可以减少大分子间的相互作用；溶剂分子可被插入在高分子链之间。

相对于热塑性材料，还有被称为热固性材料。在处理为最终状态后，这类热固性材料是交联大分子，既不能熔融也不能溶解。对于这类产物，一般以液体或者分子量相当低的可溶性原料开始生产。这些原料可通过在有压或无压条件下的加热，或经过带有添加剂的化学反应和同时在模压条件下，进行交联。结果形成三维网状形式的交联（硬化）高分子材料。这些巨大的分子只能通过化学破坏交联键，才能断裂为较小的分子，因而成为可熔的和可溶性的分子链段。这种现象的发生可能需要相当高的温度或者特定的化学反应剂。热固性塑料通常含有填料，这将很大程度地影响产品的外观和性能。

最终，我们可以通过材料的表观区分弹性体，一种类橡胶弹性材料，通常由相对弱交联的大分子构成。天然橡胶或合成橡胶的交联键形成于模压或硫化工艺中。由于它们的交联性质，弹性体在加热到略低于其分解温度时不会熔化。在这个意义上，它们的行为不同于许多其他热塑性弹性材料，如增塑的聚氯乙烯（PVC）。相对于化学交联弹性体（橡胶）（例如通过硫黄或过氧化物），通过大分子之间的物理相互作用，在所谓的热塑性弹性体（TPE）中形成网络结构。加热时，分子链之间的物理相互作用力减少，从而使这些聚合物能够转变为热塑性形态。在冷却时，由于分子间的物理相互作用变强，这种材料的行为再次类似弹性体。

表 1.1 中列出了这三类聚合物材料最重要的特征。除了弹性，还可用加热时的形态、密度、溶解度来区分这些材料。然而，应该记住，填料、颜料、或增强剂，比如炭黑或玻璃纤维，将会导致与这些属性有相当大的偏离。因此，并不一定总能在这些准则的基础上鉴别聚合物材料。表 1.1 中列出的密度只是一些固体物料的近似值。例如，泡沫材料的密度约为 $0.1g/cm^3$ 或更低。完整表皮和泡状芯层的结构泡沫密度大概为 $0.2 \sim 0.9g/cm^3$，但是从它们的外表往往不能被确认为泡沫。

表 1.1　不同类别塑料的比较

结构		物理外表[①]	密度 /(g/cm³)	加热时行为	溶剂处理时的行为
热塑性塑料	线型或支化大分子	部分结晶；灵活的喇叭状；暗色、乳白色至不透明，只有薄膜是透明的	$0.9 \sim 1.4$（除了 PTFE 为 $2 \sim 2.3$）	材料软化；易熔且熔化时变得清晰透明；通常可从熔体中拔出纤维；	有可能膨胀；通常在冷溶剂中难以溶解，但通常在加热溶剂时易溶，例如,在二甲苯中的聚乙烯；

续表

结构		物理外表①	密度 /(g/cm³)	加热时行为	溶剂处理 时的行为
		无定形： 无色；无添 加剂时清晰 透明；难有弹 性（例如，加 入增塑剂时）	0.9~1.9	可热封(有 些例外)	通常在初期 膨胀之后，在 某些有机溶剂 中可溶(有少 数例外)
热固性 塑料 （加工 后）	（通常） 密集交 联的大 分子	很硬；通常 含有填料和 不透明； 无填料时 为透明	1.2~1.4； 填充： 1.4~2.0	在化学分 解前保持坚 硬且几何尺 寸几乎不变	难溶，不膨 胀或只会稍微 膨胀
弹性 体②	（通常） 轻微交 联的大 分子	橡胶弹性 和可伸缩	0.8~1.3	在温度接 近发生化学 分解前不会 流动	难溶；但一 般会膨胀

① 塑料硬度大致可以用指甲划痕时的行为来衡量：硬塑料刮指甲；角状塑料硬度与指甲大致相同；柔性或弹性塑料可以用指甲划痕或划出凹痕。

② 热塑性弹性体的行为在上一页中已经给出。

在这里不可能讨论发生在这三类中的所有不同类型塑料的特殊性能。通过采用共聚或化学改性，当代的塑料工业能够产生非常多的性能组合，这使得相应的塑料鉴别变得更加复杂。因此，它的外观和分类方法，如热塑性塑料，热固性塑料或弹性体，只有在简单的情况下才能使得我们得出有关这种塑料化学性质的结论。但是，这些方法通常也能提供另一种表征材料的有用方法。

在过去的几年里，已经出现大量由不同塑料混合构成的塑料；它们通常被称为聚合共混物或聚合物合金。如果对它们使用简单的鉴别方法将会带来相当大的困难，这是因为火焰测试和热解测试通常是不明确的。另外，根据热解产物的 pH 值，分解成不同的种类也不能得到一个确定的结论。然而，在某些情况下，如果这些聚合混合物具有不同的溶解度特性的话，可以被分离成各自的组分，并可鉴别这些组分（见 6.3 节）。

例如，聚酰胺和聚烯烃混合物的检验是比较容易的。这是因为聚酰胺的组分可以通过酸水解方法降解，由此产生的低分子链段可根据 6.2.10 节中所描述的方法进行鉴别。表 1.3 列出了一些最重要的聚合共混物、它们的商品名称及其供应商。

尽管合成纤维和合成的弹性体具有与塑料相同的化学结构，它们却不包含在塑料种类中。因此，在本书介绍鉴别它们的方法时，也只是作为塑料出现。例如，聚己内酰胺（尼龙-6）既可以用于生产纤维，也可以作为模塑材料（见 6.2.10 节和 6.2.20 节）。

表 1.2～表 1.5 包含了本章中讨论的塑料汇集、它们的化学缩写和一些选定的商品名称。根据美国 ASTM 标准，德国 DIN 标准和 ISO 标准的聚合物不同的缩写见 9.4 节。

表1.2 热塑性塑料

化学或技术名称	缩写(简写)	重复分子单元	选定的商品名称(注册商标)
聚烯烃 聚乙烯	PE	—CH₂—CH₂—	Dowlex，Eraclene，Escorene，Finathene，Fortiflex，Fortilene，Hostalen，Lupolen，Marlex，Novapol，Moplen，Petrothene，Rexene，Riblene，Sclair，Tenite，Tuflin
乙烯聚合物	EEA EVA	含丙烯酸乙酯 含乙酸乙烯酯	Primacor，Lucalen Elvax，Rexene，Ultrathene
氯化聚乙烯	PEC		Hostapren，Hypalon，Kelrinal
氯磺化聚乙烯	CSM		Hypalon

聚丙烯	PP	—CH₂—CH—
		     |
		     CH₃
			Adflex，Escorene，Fortilene，Moplen，Novolen，Petrothene，Pro-Fax，Rexene，Rexflex，Stamylan，Tenite，Valtec，Vestolen P

化学或技术名称	缩写(简写)	重复分子单元	选定的商品名称(注册商标)
聚-1-丁烯	PB	$-CH_2-CH-$ CH_2 CH_3	Duraflex
聚异丁烯	PIB	$-CH_2-C-$ (CH_3, CH_3)	Vistanex
聚-4-甲基-1-戊烯	PMP	$-CH_2-CH-$ $CH_2-CH-CH_3$ CH_3	(三井石化) TPX
苯乙烯聚合物和共聚物			
聚苯乙烯	PS	$-CH_2-CH-$ (苯基)	Edistir、Ladene、Novacor、斯泰隆

化学或技术名称	缩写(简写)	重复分子单元	选定的商品名称(注册商标)
改性聚苯乙烯(高抗冲)	SB	与聚丁二烯接枝与三元乙丙接枝	Avantra,Edistir,Novacor,斯泰隆
苯乙烯共聚物	SAN	含丙烯腈	Luran,Lustran,Tyril
	ABS	AN,B,S的三元共聚物	Cycolac,Lustran,Magnum,Novodur,Polylac,Terluran,Toyolac
	ASA	AN,S,丙烯酸酯的三元共聚物	Centrex,Geloy,Luran
含卤素的聚合物			
聚氯乙烯(刚性和柔性)	PVC	$-CH_2-\underset{\underset{Cl}{\mid}}{CH}-$	Benvic, Corvic, Dural, Geon, Unichem, Vestolit, Vinnolit
改性 PVC(高抗冲)	—	含 EVA 共聚物(EVA／VC接枝共聚物)含氯化聚乙烯含聚丙烯	
聚偏二氯乙烯	PVDC	$-CH_2-CCl_2-$	Ixan,萨兰

化学或技术名称	缩写(简写)	重复分子单元	选定的商品名称(注册商标)
聚四氟乙烯	PTFE	—CF₂—CF₂—	Algoflon，Fluon，Halon，Hostaflon，Polyflon，特氟龙
聚四氟乙烯的共聚物	ETFE	含乙烯的共聚物	Tefzel
	FEP	含六氟丙烯的共聚物	Polyflon，特氟龙
聚三氟氯乙烯	CTFE	—CF₂—CF— | Cl	Kel-F，Fluorothene，四氟乙烯全氟丙烯共聚物，特氟龙
三氟氯乙烯共聚物	ECTFE	含乙烯的共聚物	福陆公司，海拉尔
全氟烷聚合物	PFA	—CF₂—CF₂—CF—CF₂— OR mit R＝CₙF₂ₙ₊₁	Neoflon，铁氟龙
聚氟乙烯	PVF	—CH₂—CH— | F	Kynar，Tedlar

化学或技术名称	缩写（简写）	重复分子单元	选定的商品名称（注册商标）
聚偏氟乙烯	PVDF	$-CH_2-CF_2-$	Floraflon、Kynar、Solef
聚丙烯腈	PAN	$-CH_2-CH-$ $\quad\quad\quad CN$	Barex
聚丙烯酸酯和聚甲基丙烯酸酯		$-CH_2-CH-R$ 从不同 $\quad\quad\quad COOR$ 醇中获得	
聚甲基丙烯酸甲酯	PMMA	$-CH_2-C-CH_3$ $\quad\quad\quad COOCH_3$	Acrylite、Degalan、透明合成树脂（胶赛特）、珀斯佩有机玻璃、树脂玻璃
甲基丙烯酸甲酯共聚物	AMMA	含 AN 的共聚物	

续表

化学或技术名称	缩写（简写）	重复分子单元	选定的商品名称（注册商标）
杂原子链结构的聚合物			
聚甲醛	POM	$-CH_2-O-$	Celcon, Delrin, Iupital, Tenac, Ultraform
聚苯醚	PPO/PPE	（结构式：含两个 CH_3 取代的苯环及 O）	PPO
改性 PPO/PPE		含聚苯乙烯或聚酰胺	Noryl, Luranyl, Prevex
聚碳酸酯	PC	（双酚A碳酸酯结构式）	Apec, Calibre, Lexan, Makrolon
聚对苯二甲酸乙二酯	PET	$-CH_2-CH_2-O-CO-$（苯环）$-CO-O-$	Dacron, Eastapak, Hiloy, Impet, Kodapak, Petlon, Petra, Rynite, Valox
聚对苯二甲酸乙二醇酯	PBT	$-(CH_2-CH_2)_2-O-CO-$（苯环）$-CO-O-$	Celanex, Crastin, Pibiter, Pocan, Rynite, Ultradur, Valox

化学或技术名称	缩写（简写）	重复分子单元	选定的商品名称（注册商标）
聚酰胺	PA		
聚酰胺-6（尼龙-6）	PA6	—NH(CH$_2$)$_5$CO—	Beetle，Capron，Celanese，Durethan，Grilon，Nypel，Ultramid
聚酰胺-6，6（尼龙-6，6）	PA66	—NH(CH$_2$)$_6$NH—CO(CH$_2$)$_4$CO—	Capron，Technyl，Ultramid，Vydyne，Zytel
聚酰胺-6，10（尼龙-6，10）	PA6 10	—NH(CH$_2$)$_6$NH—CO(CH$_2$)$_8$CO—	Amilan，Ultramid，Zytel
聚酰胺-11（尼龙-11）	PA11	—NH(CH$_2$)$_{10}$CO—	Rilsan B
聚酰胺-12（尼龙-12）	PA12	—NH(CH$_2$)$_{11}$CO—	Grilamid，Rilsan A，Vestamid

化学或技术名称	缩写(简写)	重复分子单元	选定的商品名称(注册商标)
芳香族聚酰胺	—	含对苯二酸	Trogamid
聚苯硫化物	PPS	—〈苯环〉—S—	Fortron,Ryton,Suprec
聚砜	PSU	—〈苯环〉—S(=O)(=O)—〈苯环〉—O—	Radel,Ultrason
聚醚砜	PES	—〈苯环〉—C(CH₃)(CH₃)—〈苯环〉—O—〈苯环〉—S(=O)(=O)—〈苯环〉—O—	Udel

化学或技术名称	缩写(简写)	重复分子单元	选定的商品名称(注册商标)
纤维素衍生物			
纤维素 (R=H)			
—乙酸乙酯 (R=COCH₃)	CA		
—乙酰丁酸酯	CAB		
—丙酸酯 (R=CO—CH₂—CH₃)	CP		
—硝酸盐 (R=NO₂)	CN		Tenite
甲基纤维素 (R=CH₃)	MC		
乙基纤维素 (R=C₂H₅)	EC		

化学或技术名称	缩写(简写)	重复分子单元	选定的商品名称(注册商标)
树脂·分散体和其他特色产品			
聚醋酸乙烯酯	PVAC	$-CH_2-CH-$ 　　　$\mid$ 　　$O-CO-CH_3$	Vinylite
醋酸乙烯共聚物		VAC/马来酸 VAC/丙烯酸酯 VAC/乙烯	
聚乙烯醇	PVAL	$-CH_2-CH-$ 　　　$\mid$ 　　　OH	Vinex
聚乙烯基醚		$-CH_2-CH-$　R 为不同的基团 　　　$\mid$ 　　　OR	Lutonal

化学或技术名称	缩写（简写）	重复分子单元	选定的商品名称（注册商标）
聚乙烯醇缩醛类	PVB PVFM	含丁醛 含甲醛	Butvar、Butacite PVB Formvar
聚甲醛	POM	$—CH_2—O—$	Celcon、Delrin、Iupital、 Tenac、Ultraform
有机硅	Si	$\begin{array}{c} R \\ \| \\ —Si—O— \\ \| \\ R \end{array}$ R 可以是如 CH_3 的基团	Baysilone、硅橡胶（树脂、涂层树脂、油下弹性体不同的名称，有的可能会硬化）
酪蛋白	CS	$—NH—CO—$ （乳白蛋白与甲醛交联的多肽）	

表 1.3　聚合物共混物

化学或技术名称	缩写(简写)	选定的商品名称(注册商标)
ABS 共混物		
含 PA	ABS＋PA	Triax
PC	ABS＋PC	Bayblend, Cycoloy, Iupilon, Pulse, Terblend
PVC	ABS＋PVC	Lustran ABS, Novaloy, Royalite
TPU	ABS＋TPU	Desmopan, Estane, 万隆
ASA 共混物		
含 PC	ASA＋PC	Bayblend, Geloy, Terblend A
PVC	ASA＋PVC	Geloy
PBT 共混物		
含 ASA	PBT＋ASA	Ultradur S
PET	PBT＋PET	Valox
PC 共混物		
含 PBT	PC＋PBT	Azloy, Iupilon, Valox, Xenoy
PET	PC＋PET	Makroblend, Sabre, Xenoy
PS 共混物		
含 PE	PS＋PE	Styroblend
PP	PS＋PP	Hivalloy
PP 共混物		
含 EP(D)M	PP＋EP(D)M	Keltan, 山都平
PPO 共混物		
含 PS	PPO＋PS	Noryl, Luranyl
PA	PPO＋PA	Noryl GTX

表 1.4 热固性塑料

化学或技术名称	缩写（简写）	原材料	反应基团或固化剂①	中间产品和固化过程
酚醛塑料				
酚醛树脂	PF	苯酚（R=H）和取代的酚类（如甲酚和甲醛）	CH_2OH OH （苯环，R）	酚醛（不自凝；固化的，例如通过添加六亚甲基四胺）
甲醛树脂	CF	甲酚（R—CH_3）和甲醛		酚醛树脂（在压力和加热下固化，有时通过催化剂来固化）
氨基塑料				
脲醛树脂	UF	尿素（有时也可以是硫脲）	—NH_2；—NH—CH_2OH；—N$(CH_2OH)_2$	中间产物的形态为水溶液或固体；在一定压力和温度的情况下固化，有时使用酸催化剂
三聚氰胺甲醛树脂	MF	三聚氰胺甲醛		

化学或技术名称	缩写（简写）	原材料	反应基团或固化剂①	中间产品和固化过程
不饱和的聚酯树脂	UP	不饱和的二羧酸的聚酯	—CO—CH=CH—CO—	聚酯通常溶解于苯乙烯中，而很少溶解于其他单体；使用热或冷态引发剂使共聚基固化
增强玻纤不饱和的聚酯树脂	GUP 或 GF-UP	酸：通常为马来酸和饱和脂肪酸，比如琥珀酸、己二酸、邻苯二甲酸，二醇比如丁二醇		

化学或技术名称	缩写(简写)	原材料	反应基团或固化剂①	中间产品和固化过程
环氧树脂	EP	从二元醇,多元醇或双酚以及环氧氯丙烷或其他环氧化物的形成组分中获取	—CH—CH— \\O/	液体或固体的中间态。这些形态是固化或者加热,比如使用二胺基酸,氢化物或者通过使用像二或多胺之类的物品冷却
聚氨酯	PUR	二/多异氰酸酯与二/多元醇反应以形成交联的硬(产物或软的(通常还有弹性)产物	—N═C═O + OH— ↓ —NH—CO—O—	异氰酸酯(如MDI、TDI、德士模)和含有—OH 的化合物(不同的多元醇)在液体或熔融状态下反应

① 由于交联塑料的化学组分不能准确给出,此表列出了原材料和反应基团,但没有描述出产品或提供多种不同组分的可用热固性塑料的商品名称和所含有的添加剂成分,比如填料。

表 1.5 弹性体①

化学或技术名称	缩写（简写）	原材料	典型的重复分子单元	
聚丁二烯	BR	丁二烯	$-CH_2-CH=CH-CH_2-$	1,4 加成（正或反）
			$-CH_2-CH-$ 　　　　$\|$ 　　　　$CH=CH_2$	1,2 加成（等规、间规或无规）
氯丁橡胶（氯丁橡胶，丁苯橡胶）	CR	氯丁	$-CH_2-C=CH-CH_2-$ 　　　　$\|$ 　　　　Cl	存在同分异构体
聚异戊二烯	PIP NR	异戊二烯 天然橡胶	$-CH_2-C=CH-CH_2-$ 　　　　$\|$ 　　　　CH_3 顺式 1,4-聚异戊二烯（杜仲胶或橡胶为反式 1,4-聚异戊二烯）	
丁腈橡胶	NBR	丙烯腈和丁二烯		
丁苯橡胶	SBR	苯乙烯和丁二烯		
丁基橡胶	IIR	异丁烯和少量异戊二烯		
乙丙橡胶	EPM EPDM 或 EPD	乙烯和丙烯含二烯的三元共聚物		

续表

化学或技术名称	缩写（简写）	原材料	典型的重复分子单元
氟橡胶	FE	含氟烯烃	
氯醇橡胶	CHR	环氧氯丙烷环氧氯乙烷共聚物	
丙烯氧化物橡胶	POR	从环氧丙烷和烯丙基缩水醚得到的共聚物	

① 此表只选择了一些最重要的弹性体，其结构均属于未硫化状态。

2 塑料分析简介

■ 2.1 分析步骤

每种塑料的分析从筛选实验开始。除了观察一些特征，比如溶解度、密度、在燃烧中的软化和熔化行为之外，在加热管（热解实验）和在明火（火焰检测）中的加热也起着重要的作用。如果这些初步检测不能有效地鉴别和检测材料中存在的杂原子，如氮、卤素（特别是氯和氟）或硫，那么，接下来可以通过测试溶解度进行系统地分析，并进行简单的特定测试。此外，可以尝试找出可能存在的有机、无机填料或其他的添加剂，比如增塑剂或稳定剂。遗憾的是，这里讨论的这些简易方法很少能够给出有关这些添加剂的可靠种类和数量。

作为一种鉴别半成品塑料材料和塑料模塑制品的辅助鉴别方法，Hj. Saechtling 在本书（9.1 节）中给出的"塑料鉴别表"已经证明是相当有用的，该表从材料的外观和弹性行为出发，通过一些简单的测试，使得我们能够进一步地区分材料的种类。在这些测试中使用到的与表中标题中曾提到的程序，在本书相应的章节会详细地描述。对于这样的测试，从样品不起眼的部位取出小的碎片或屑末就足够了。

■ 2.2 样品制备

塑料作为原料，通常以粉体、颗粒体或无规律分散体的形式存在。经过加工后，它们通常会变成薄膜、板材、型材或模塑产品。

某些筛选试验，比如焰色试验，可以在最初形态（颗粒、屑片等）进行。然而，对于大多数的测试，样品最好还是细碎片或粉末状态。为了减小颗粒的粒径，可采用磨粉机；一个咖啡研磨机可能就足够了。经过像加入干冰（固体二氧化碳）等方法彻底的冷却后，很硬或弹性的材料会变脆，并可以被碾碎。在研磨过程中，低温可以防止材料出现过热现象。

通常，被加工塑料材料中含有添加剂，如增塑剂、稳定剂、填料或者着色剂（比如颜料）。这些添加剂通常不会干扰简单、并不特殊的筛选试验。对于一种塑料材料的定量测定或者明确鉴别，必须先除去添加剂。因此，可采用提取（图2.1）或沉淀的方法。加工助剂，例如稳定剂

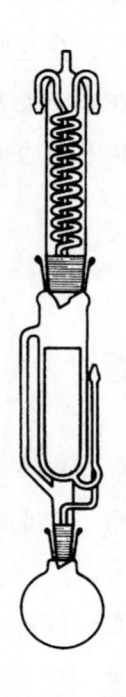

图 2.1 索氏提取器

注：在一个圆底烧瓶中将提取液加热至沸腾，将产生的蒸汽
在安装在提取器顶部的回流冷凝器中冷凝。液体从冷凝器中
滴落到杯中的固体样品上。当提取器杯中的液体达到顶端附
近的出口管液位时（出口管在提取器右侧），液体回流到圆
底烧瓶中。溶剂的相对密度必须低于被提取物料的相对密度
（否则样品会流出提取杯）。

或类似于增塑剂的润滑剂，通常可以用乙醚或者其他有机
溶剂来提取。如果一个提取装置（索氏抽提）没有起作
用，可以在回流条件下晃动含有乙醚的细碎片样品或者在
乙醚中加热这种样品几小时。使用乙醚时应格外小心。乙

醚是易燃的。不能使用明火。

通过溶解在合适的溶剂中，线型聚合物可以从填料或增强剂（玻璃纤维或碳纤维）中分离出来（选择溶剂见3.1节）之后，所有的不溶性的物质会残留，并且可以通过过滤分离。通过将这一溶液滴入到5～10倍体积的沉淀剂中，可以使被溶解的聚合物再沉淀。作为常用的沉淀剂，甲醇具有很好的通用性。在某些情况下，水也可以作为沉淀剂。

交联塑料因其难溶性，故不能通过这种方法从填料中分离出来。无机填料（玻璃纤维或碳酸钙）有时可以在陶瓷杯中燃烧样品分离出来，尽管并不是所有的都能这样，炭黑也可以被燃烧掉。然而，这种经常需要尝试特殊的方法，应根据具体情况而定。

3 筛选试验

■ 3.1 溶解性

在众多的塑料溶剂中，使用最广泛的是甲苯、四氢呋喃、二甲基甲酰胺、乙醚、丙酮和甲酸。在某些情况下，氯乙烯、醋酸乙酯、乙醇和水也是可用的。需要特别指出的是，在处理许多易燃的和有毒的溶剂时，需要特别小心。应当尽可能避免使用苯。表 3.1 和表 3.2 总结了最重要的塑料在各种溶剂中的行为。对于塑料的系统分析，可以将可溶性塑料和不溶性塑料区分为最初的两类。然后，可采用化学方法进一步研究这两类。

表 3.1 塑料的溶解性

聚合物	溶剂	非溶剂
聚乙烯，聚-1-丁烯，等规聚丙烯	对二甲苯[①]、三氯苯[①]、癸烷[①]、十氢萘[①]	丙酮、乙醚、低醇
无规聚丙烯	烃类、异戊酯醋酸	醋酸乙酯、丙醇

续表

聚合物	溶剂	非溶剂
聚异丁烯	正己烷、甲苯、四氯化碳,四氢呋喃	丙酮、甲醇、甲基醋酸
聚丁二烯、异丁二烯	脂肪族和芳香族烃类	丙酮、乙醚、低醇
聚苯乙烯	甲苯、三氯甲烷、环己酮醋酸丁酯、二硫化碳	低醇、乙醚(膨胀)
聚氯乙烯	四氢呋喃、环己酮甲基乙基酮、二甲基甲酰胺	甲醇、丙酮、正庚烷
聚氟乙烯	环己酮、二甲基甲酰胺	脂肪族烃类、甲醇
聚四氟乙烯	不溶	—
聚醋酸乙烯酯	三氯甲烷、甲醇、丙酮、丙酸丁酯	乙醚、石油醚、正丁醇
聚乙烯异丁醚	异丙醇、甲基乙基酮、三氯甲烷、芳香烃	甲醇、丙酮
聚丙烯酸酯和聚甲基丙烯酸甲酯	三氯甲烷、丙酮、乙酸乙酯、四氢呋喃、甲苯	甲醇、乙醚、石油醚
聚丙烯酰胺	水	甲醇、丙酮
聚丙烯酸	水、稀碱、甲醇、二噁烷、二甲基甲酰胺	烃类、甲醇、丙酮、乙醚
聚乙烯醇	水、二甲基甲酰胺[①]、二甲基亚砜[①]	烃类、甲醇、丙酮、乙醚

聚合物	溶剂	非溶剂
纤维素	氢氧化铜铵水溶液、氯化锌水溶液、硫氰酸钙水溶液	甲醇、丙酮
二醋酸纤维素	丙酮	二氯甲烷
三醋酸纤维素	二氯乙烷、三氯甲烷、二噁烷	甲醇、乙醚
甲基纤维素(三甲基)	三氯甲烷	乙醇、乙醚、石油醚
羧甲基纤维素	水	甲醇
脂肪族聚酯	三氯甲烷、甲酸	甲醇、乙醚、脂肪族烃
聚对苯二甲酸乙二醇酯	间甲酚、苯酚、硝基苯、三氯乙酸	甲醇、丙酮、脂肪族烃
聚丙烯腈	二甲基甲酰胺、二甲基亚砜、浓硫酸	醇、乙醚、水、烃
聚酰胺	甲酸、浓硫酸、二甲基甲酰胺、间甲酚	甲醇、乙醚、烃类化合物
聚氨酯(未交联)	甲酸,γ-丁内酯、二甲基甲酰胺、间甲酚	甲醇、乙醚、烃类化合物
聚甲醛	γ-丁内酯[①]、二甲基甲酰胺[①]、苄醇[①]	甲醇、乙醚、脂肪族烃

续表

聚合物	溶剂	非溶剂
聚乙烯氧化物	水、二甲基甲酰胺	脂肪族烃、乙醚
聚二甲基硅氧烷	三氯甲烷、庚烷、乙醚	甲醇、乙醇

① 通常只在升温时溶解。

表 3.2 被选定的溶剂溶解的塑料

水	四氢呋喃（THF）	沸腾二甲苯	二甲基甲酰胺（DMF）	蚁酸	均不溶于这些溶剂
聚丙烯酰胺	所有未交联的聚合物①	聚烯烃	聚丙烯腈	聚酰胺	聚氟烃
聚乙烯醇		苯乙烯聚合物	聚甲醛（在沸腾的 DMF 中）	聚乙烯醇衍生物	聚对苯二甲酸乙二醇酯②
聚乙烯基甲基醚		氯乙烯聚合物		尿素和三聚氰胺甲醛固化物（未固化）	交联（固化、硫化）聚合物
聚环氧乙烷		聚丙烯酸酯			
聚乙烯吡咯烷酮		聚三氟氯乙烯			

续表

水	四氢呋喃（THF）	沸腾二甲苯	二甲基甲酰胺（DMF）	蚁酸	均不溶于这些溶剂
聚丙烯酸					

① 除了聚烯烃、多氟烃、聚丙烯酰胺、聚甲醛、聚硫胺、聚对苯二甲酸乙二醇酯、聚氨酯、尿素和三聚氰胺树脂。

② 易溶于硝基苯。

对于溶解性的测定，在试管中加入 0.1g 的细碎塑料，再加入 5～10mL 的溶剂。几个小时后，彻底的摇晃试管，观察样品可能出现的肿胀现象。这个过程往往需要相当长的时间。如果必要，还可以对试管缓慢加热并不断搅拌。可通过本生灯加热，但是水浴加热效果更好。使用此方法时应非常小心，避免溶剂突然沸腾而喷出测试管，因为大多数有机溶剂或它们的蒸气是易燃的。如果溶解性试验存有疑点和（或者）残留不溶颗粒（玻璃纤维和有机填料），它们必须被除去。此溶液长时间存放后，它们很容易被过滤或倒出。对于这一试验，蒸发玻璃表面上的表层液体部分，可得到溶解材料的残留物。过滤后的溶液也可被倒入一个非溶剂中，以得到特定的塑料，在这种情况下，被溶解的聚合物将会沉淀。沉淀剂通常为石油醚、甲醇，偶尔也用水。

塑料的溶解性，很大程度上取决于它的化学结构，一定程度上也取决于分子大小（分子量）。因此，表 3.2 中提到的溶剂并不能作为一个明确的鉴别标准。

■ 3.2　密度

密度 ρ（单位：g/cm^3）是材料质量 m 和体积 V 的比值：

$$\rho = \frac{m}{V}$$

对于塑料而言，密度是一种很少用的表征手段。许多加工的塑料含有中空结构、微孔或缺陷。在这种情况（比如泡沫）下，根据 ASTM D792 的密度测试方法，原料密度为质量与体积的比值，这里的体积是由样品的外边界所确定的。真实密度原则上可以根据质量和真实体积来确定。

结构紧凑的固体，往往可以直接测量单个样品的质量和体积。对于粉末状和颗粒状的塑料，体积的测量可以通过测量比重瓶中被排出液体量或者通过浮力测量的方法来确定。在任何情况下，我们都需要比较准确的质量，特别是样品的数量比较少的时候。

在大多数情况下，使用浮力测量方法更为简单，用这种方法样品会漂浮在密度相同的液体中。然后，可以根据已知的方法，用气体比重计测出这一液体的密度。可以使用氯化锌水溶液或氯化镁溶液作为这类液体，当密度小于 $1g/cm^3$ 时，还可以使用甲醇-水混合物。

当然，根据浮选测定方法测量密度时，必须保证样品在液体中不会发生溶解或肿胀，同时，样品要完全湿润。确保样品表面没有气泡，因为这可能会影响到测量结果。因而要除去所有的气泡。炭黑、玻纤以及其他一些填料也会很大程度地影响到密度的测量。例如，密度可以根据填料含量的不同从 0.98g/cm³（含有 10％质量分数滑石粉的聚丙烯）到 1.72g/cm³（含有 50％玻纤的聚对苯二甲酸丁二酯）。泡沫塑料不能通过密度测定来表征。

当更精确的密度测定方法不能使用时，可以将样品浸入到甲醇（在 20℃ 时密度 $\rho = 0.79$g/cm³）、水（$\rho = 1$g/cm³）、饱和氯化镁溶液（$\rho = 1.34$g/cm³）或饱和氯化锌水溶液（$\rho = 2.01$g/cm³）中，然后观察样品在液体中的状态——漂浮在表面、悬浮在液体中或沉入液体底部。样品在液体中的行为可表明样品密度高于或低于被浸入液体的密度。表 3.3 包含了一些重要塑料的近似密度（当然可能有些变化）。

表 3.3　重要塑料的近似密度

密度/(g/cm³)	材料
0.80	硅橡胶（硅胶填充至 1.25）
0.83	聚甲基戊烯
0.85～0.92	聚丙烯
0.89～0.93	高压聚乙烯（低密度）

续表

密度/(g/cm³)	材料
0.91~0.92	聚-1-丁烯
0.91~0.93	聚异丁烯
0.92~1.0	天然橡胶
0.94~0.98	低压聚乙烯(高密度)
1.01~1.04	尼龙-12
1.03~1.05	尼龙-11
1.04~1.06	丙烯腈-丁二烯-苯乙烯共聚物(ABS)
1.04~1.08	聚苯乙烯
1.05~1.07	聚苯醚
1.06~1.10	苯乙烯-丙烯腈共聚物
1.07~1.09	尼龙-610
1.12~1.15	尼龙-6
1.13~1.16	尼龙-66
1.1~1.4	环氧树脂,不饱和聚酯树脂
1.14~1.17	聚丙烯腈
1.15~1.25	醋酸丁酸纤维素
1.16~1.20	聚甲基丙烯酸甲酯
1.17~1.20	聚醋酸乙烯酯

续表

密度/(g/cm³)	材料
1.18～1.24	丙酸纤维素
1.19～1.35	增塑聚氯乙烯(约40%的增塑剂)
1.20～1.22	聚碳酸酯(以双酚A为基础)
1.20～1.26	交联聚氨酯
1.24	聚砜
1.26～1.28	苯酚-甲醛树脂(未填充)
1.21～1.31	聚乙烯醇
1.25～1.35	醋酸纤维素
1.30～1.41	有机材料(纸、织物)填充的苯酚甲醛树脂
1.3～1.4	聚氟乙烯
1.34～1.40	硝酸纤维素
1.38～1.41	聚对苯二甲酸乙二酯
1.38～1.41	硬质PVC
1.41～1.43	聚甲醛
1.47～1.52	含有机填料的脲醛树脂和三聚氰胺甲醛树脂
1.47～1.55	氯化聚氯乙烯
1.5～2.0	酚醛塑料和含无机填料的氨基塑料
1.7～1.8	聚偏氟乙烯

密度/(g/cm³)	材料
1.8～2.3	聚酯和玻纤填充的环氧树脂
1.86～1.88	聚偏二氯乙烯
2.1～2.2	聚三氟氯乙烯
2.1～2.3	聚四氟乙烯

准备一份饱和溶液，将一小块化学纯氯化锌或氯化镁加入到清澈的水中，不断添加并晃动或搅拌，直到材料不再溶解，容器底部并出现不溶的残渣。这个过程相当缓慢，并且饱和溶液是非常黏稠的。

1L 饱和溶液的制备大约需要 1575g 的氯化锌或者 475g 的氯化镁。这两种溶液都具有吸湿性，因此试剂必须保存在密闭烧杯中。

■ 3.3 加热特性

线型或支化，即不交联的热塑性材料，通常在加热时首先开始软化，之后进一步加热（无定形聚合物）到一个无法确定的温度范围时开始流动（图 3.1）。通常，部分结晶的塑料熔融范围窄。然而，通常这个范围比低分子量的结晶塑料的熔点更加难以确定。高于流动温度时，样品

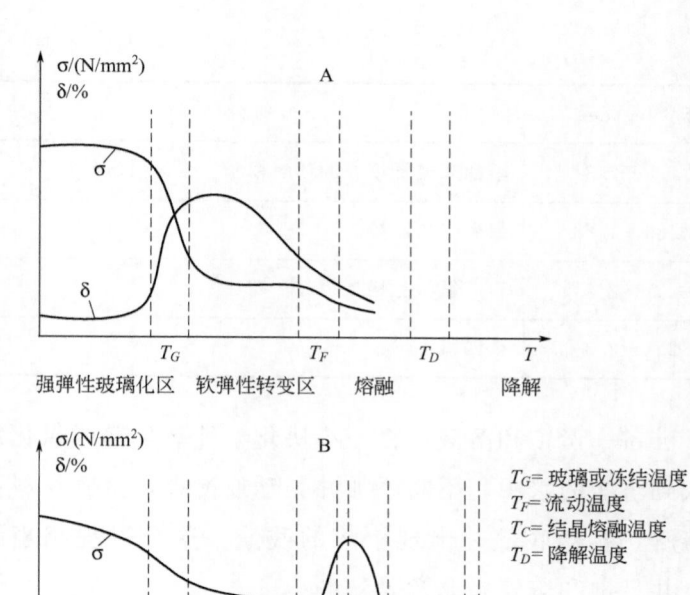

图 3.1　无定形热塑性塑料（图 A）和部分结晶型热塑性塑料
（图 B）的拉伸强度和断裂伸长率与温度的关系曲线

开始化学分解（热解）。在这种热降解的过程中，可产生
分子量很低的碎片，而这些碎片通常是易燃的或有特殊气
味。热固性塑料和弹性体在到达其分解温度之前几乎没有
流动（图 3.2）。在这一点上，它们也提供了许多典型的
降解产物，这对于塑料的鉴别也提供了重要的信息。

　　除了热解试验之外，燃烧试验也可以获得有用的信

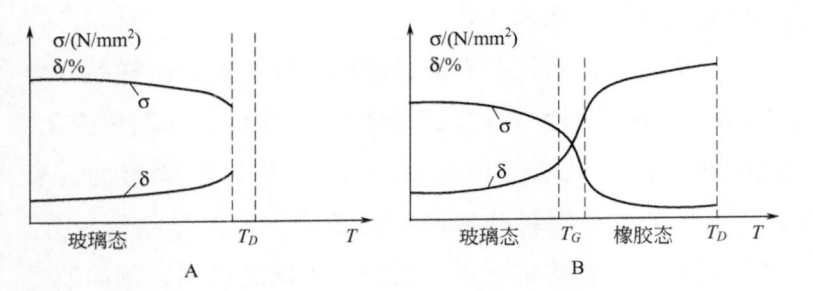

图 3.2　热固性塑料（图 A）和弹性体（图 B）的拉伸强度
和断裂伸长率与温度的关系曲线

息。这是因为在火焰中行为表现出的特征差异取决于塑料的性质。因此，热解试验和燃烧试验是塑料分析试验中最重要的两个筛选试验。它们通常可以直接得到结论，之后进行特定的测试。

3.3.1　热解试验

为了在不接触火焰条件下加热测试塑料特性，可以将一小块样品（约 100mg）加入到一个裂解试管中，用一个或一对夹子夹持在裂解试管上端。在管的开口端放置一片湿润的石蕊试纸或 pH 试纸。在某些情况下，也可以在裂解试管的开口端插入一块用水或者甲醛湿润过的疏松棉花或玻璃棉。加热时需将本生灯的火焰降低到最小，并且注意裂解试管的管口应远离脸部（注意：要佩戴安全防护眼镜）。加热时应缓慢加热，以便正确地鉴别在样品中和在分解气体中气味的变化。

　　根据溢出的蒸气与石蕊试纸的反应，可以将样品分为不同的三类：酸性（石蕊试纸变红），中性（无颜色变化）或碱性（石蕊试纸变蓝）。石蕊试纸是比较敏感的。表3.4列出了重要塑料分解产物的反应。根据样品的组分，某些塑料可以在热解试验中表现为不同的类别，例如酚醛树脂和聚氨酯。

表 3.4　塑料蒸气的石蕊测定和 pH 值测定[①]

石蕊试纸

变红	基本不变	变蓝
pH 试纸		
0.5～4.0	5.0～5.5	8.0～9.5
含卤素的聚合物（如PVC）	聚烯烃	聚酰胺
聚乙烯醇酯	聚乙烯醇	ABS 聚合物
纤维素酯	聚乙烯醇缩醛类	聚丙烯腈
聚对苯二甲酸乙二酯	聚乙烯醚	酚醛树脂和甲酚树脂
酚醛	苯乙烯聚合物（包括苯乙烯-丙烯腈聚合物）[②]	氨基树脂（苯胺、三聚氰胺树脂和脲醛树脂）
聚氨酯弹性体	聚甲基丙烯酸酯	
不饱和聚酯树脂	聚甲醛	

续表

pH 试纸		
含氟聚合物	聚碳酸酯	
硫化纤维	线型聚氨酯	
聚亚烷基硫化物	有机硅	
	酚醛树脂	
	环氧树脂	
	交联聚氨酯	

① 裂解试管应缓慢加热。

② 部分样品呈弱碱性。

3.3.2　燃烧试验

为了测试塑料在燃烧时的特性，我们可以在比较小的火焰上用镊子或抹刀夹住一小块塑料样品。可以通过减小燃气的供应，使本生灯的火焰达到最小。观察塑料在火焰中和火焰外的燃烧情况。在注意火焰熄灭后塑料燃烧或熔化所发出的气味时，也同时要注意液滴的形成。在本生灯下方的表面可覆盖一层铝箔来收集滴落的液滴。表3.5列出了最重要的塑料在燃烧试验中表现出的特性。然而，塑料中所加入的阻燃剂对塑料可燃性的测试有很大的影响，因此，实际测得的结果可能会与表3.5所列出的特性有一定的差别。

表 3.5　燃烧时的塑料特性（燃烧试验）①

可燃性	火焰表现	蒸气的气味	材料
不燃	—	刺鼻的气味（氢氟酸，HF）	有机硅 聚四氟乙烯 聚三氟氯乙烯 聚酰亚胺
移出火焰后熄灭	—	苯酚，甲醛	酚醛树脂
	明亮的黄色火焰，边缘是绿色的	氨，胶，甲醛	聚酰胺
	明亮，有烟	盐酸	氯化橡胶，聚氯乙烯，聚偏二氯乙烯（不添加可燃性的增塑剂）
很难点燃，移出火焰后慢慢熄灭	乌黑，有灰色的烟	—	聚碳酸酯
	黄色	稍有焦糊味	硅橡胶
	橙黄色，蓝色的烟雾	苯酚，烧纸味	聚氨酯
	有光泽，材料会分解	刺激性气味，喉咙上有划痕的感觉	酚醛树脂层压板
燃烧时缓慢熄灭或本没有外部火焰	黄色	烧橡胶味	聚乙烯醇
	橙黄色	芳香甜味	聚氯丁烯
	黄色，边缘有蓝色	异氰酸酯	聚对苯二甲酸乙二醇酯
	乌黑，有光泽	像石蜡	聚亚氨酯
	乌黑，中间有蓝色	刺鼻的味道	聚乙烯，聚丙烯
	黄色	苯酚	聚醋酸氢酯 聚醋树脂（用玻璃纤维增强） 环氧树脂（用玻璃纤维增强） 苯酚

续表

可燃性	火焰表现	蒸气的气味	材料
容易燃烧，火焰移开后能持续燃烧	乌黑，有光泽	甜，天然气的味道	聚苯乙烯
	暗黄色，稍微发黑	醋酸	聚醋酸乙烯酯
	暗黄色，有光泽	像橡胶燃烧	橡胶
	有光泽，中间有蓝色，有裂纹	甜，有水果味	聚甲基丙烯酸甲酯
	浅蓝色	甲醛	聚甲醛
	暗黄色，稍软	乙酸和丁酸	醋酸丁酸纤维素
	浅绿色有火花	醋酸	醋酸纤维素
容易燃烧，火焰移开后能持续燃烧	橙黄色	烧纸味	纤维素
火焰移开后能持续燃烧	明亮，剧烈	氮氧化合物	硝酸纤维素

① 耐高温热塑性塑料的特性参见 6.2.19 节。

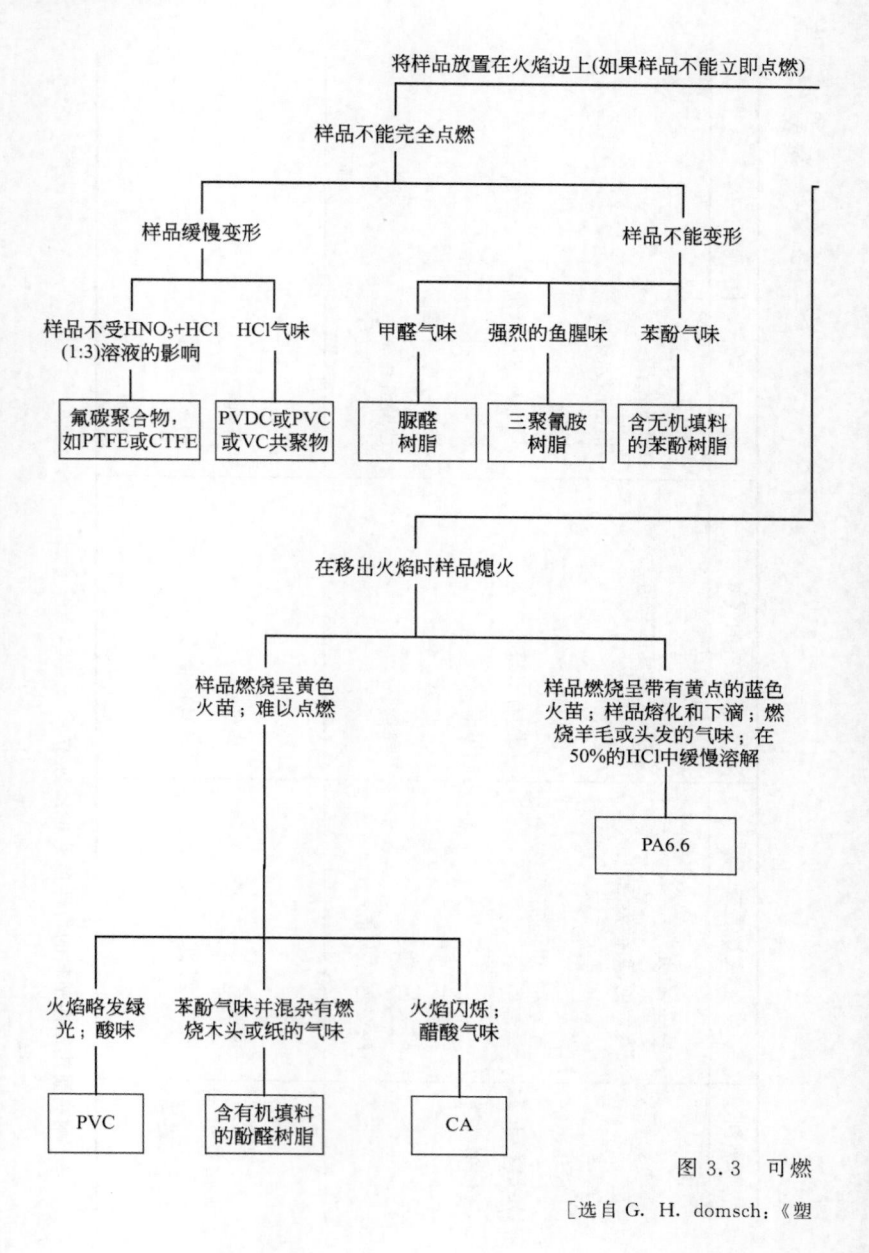

图 3.3　可燃

[选自 G. H. domsch；《塑

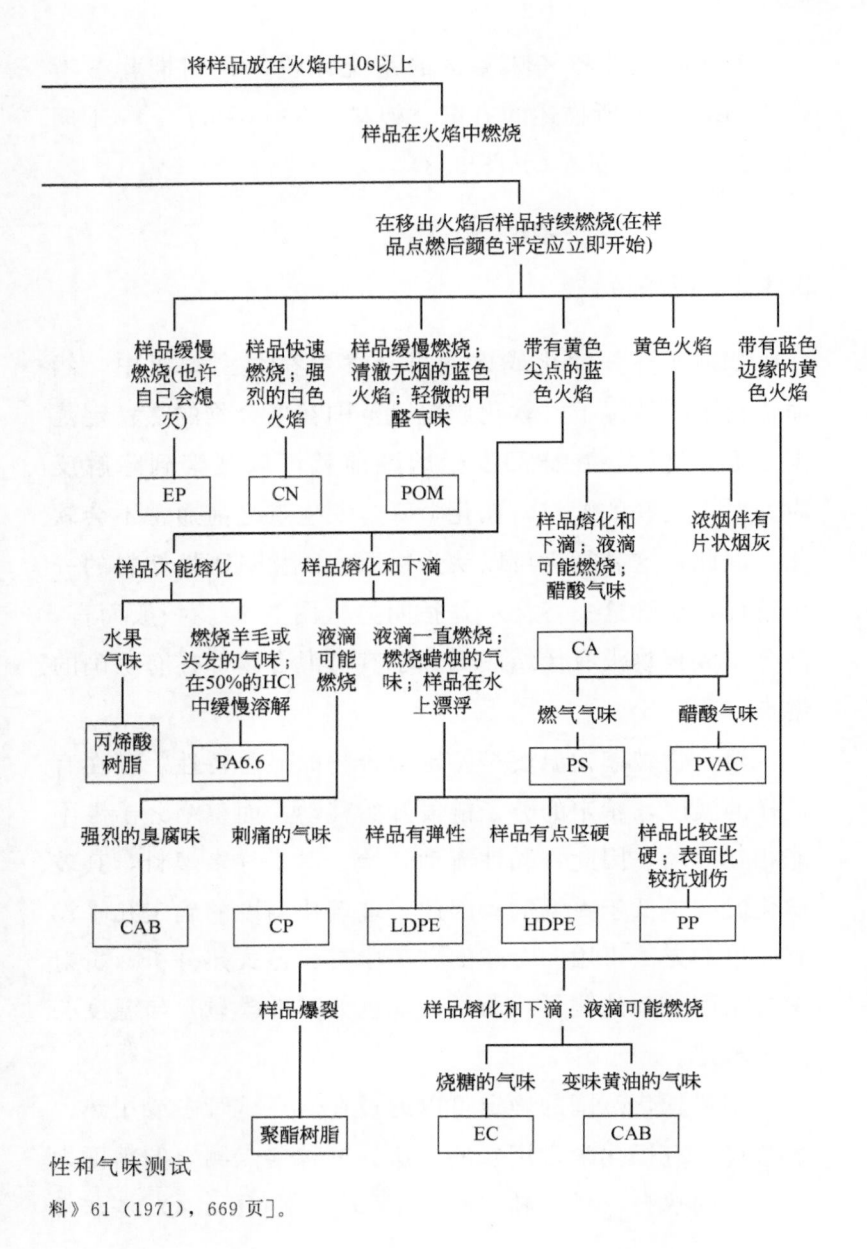

将样品放在火焰中10s以上

样品在火焰中燃烧

在移出火焰后样品持续燃烧(在样品点燃后颜色评定应立即开始)

样品缓慢燃烧(也许自己会熄灭) → EP

样品快速燃烧;强烈的白色火焰 → CN

样品缓慢燃烧;清澈无烟的蓝色火焰;轻微的甲醛气味 → POM

带有黄色尖点的蓝色火焰

黄色火焰

带有蓝色边缘的黄色火焰

样品熔化和下滴;液滴可能燃烧;醋酸气味 → CA

浓烟伴有片状烟灰

样品不能熔化

样品熔化和下滴

水果气味 → 丙烯酸树脂

燃烧羊毛或头发的气味;在50%的HCl中缓慢溶解 → PA6.6

液滴可能燃烧

液滴一直燃烧;燃烧蜡烛的气味;样品在水上漂浮

燃气气味 → PS

醋酸气味 → PVAC

强烈的臭腐味 → CAB

刺痛的气味 → CP

样品有弹性 → LDPE

样品有点坚硬 → HDPE

样品比较坚硬;表面比较抗划伤 → PP

样品爆裂 → 聚酯树脂

样品熔化和下滴;液滴可能燃烧

烧糖的气味 → EC

变味黄油的气味 → CAB

性和气味测试

料》61 (1971),669 页]。

对于燃烧性和气味测试的系统评价，我们推荐参考 G. H. Domsch 所描述的方案［塑料（*Kunststoffe*）61 期 (1971) 第 669 页］（见图 3.3）。

3.3.3 熔融特性

如前所述，软化或熔融只会发生在线型塑料中。然而，在某些情况下，软化或熔融范围在聚合物的热稳定范围之上。这时，在样品发生熔融前就可以观察到降解反应。对于交联的塑料，在化学降解发生点之前通常不会软化。因此，这种行为可以认为物质为固化热固性塑料的一个特征，尽管这一特征不是很明显（图 3.2）。一般而言，高分子混合物没有像结晶低分子有机混合物那样有明确的熔点。

聚合物玻璃化温度是特定聚合物的显著特性。存在有这样的温度，特定的分子链段开始移动，而整个分子链不能相互滑动，因此，黏性流动开始。对于许多塑料，其玻璃化温度是低于室温的。因此，玻璃化温度的确定几乎没有简单的方法可用。合适的方法中有：差式热分析、折射率与温度关系的测量或力学性能（如弹性模量）与温度关系的测定。

塑料软化范围的确定可以通过在熔点试管中或用热台显微镜（有机化学常用）的方法。一种熔点测定的精度为 2～3℃的热台［科夫勒（Kofler）热台］（图 3.4）是非常有用的。然而，得到的数值很大程度上取决于加热速率和特定的添加剂，特别是增塑剂。部分结晶聚合物的熔点是最可靠的。例如，不同的聚酰胺就很容易区分（与6.2.10节相比）。表3.6列出了最重要的塑料熔点值。更详细的列表可参见A. Krause，A. Lange，and M. Ezrin编著的《塑料分析指南》（Hanser出版社，1983年）。

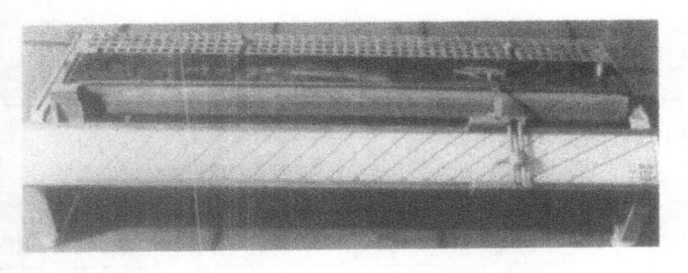

图 3.4　热台：可建立从 50～250℃的线性温度
梯度，沿金属棒配置了电阻加热器。样品（越
细碎越好）直接放置在金属棒上。固体粉末和
熔融材料之间的边界温度可以直接从热台
的刻度上得到

表 3.6　重要热塑性塑料的软化和熔化温度范围

热塑性塑料	软化和熔化温度/℃
聚乙酸乙烯酯	35～85
聚苯乙烯	70～115
聚氯乙烯	75～90（软化）

热塑性塑料	软化和熔化温度/℃
聚乙烯,密度 0.92g/cm³ 密度 0.94g/cm³ 密度 0.96g/cm³	大约 110 大约 120 大约 135
聚 1-丁烯	125～135
偏二氯乙烯	115～140(软化)
聚甲基丙烯酸甲酯	120～160
纤维素乙酸酯	125～175
聚丙烯腈	130～150(软化)
聚丙烯	160～170
聚甲醛	165～185
尼龙-12	170～180
尼龙-11	180～190
聚三氟氯乙烯	200～220
尼龙-6,10	210～220

续表

热塑性塑料	软化和熔化温度/℃
尼龙-6,15	215～225
聚对苯二甲酸丁二醇酯	220～230
聚碳酸酯	220～230
聚醚砜	228～230
聚 4-甲基-1-戊烯	230～240
尼龙-6,6	250～260
聚对苯二甲酸乙二酯	250～260
聚苯硫醚	260～280
聚芳醚酮	340～380

　　如上所述，借助热分析法获得有关塑料热行为较准确的信息是有可能的。在这些方法中，最重要是热失重分析法（TG）和差示扫描量热法（DSC）。热失重分析法提供了在加热时有关样品质量变化的信息，例如，通过蒸气损失或由大分子化学降解反应产生的挥发产物的蒸发。在差示扫描量热法中，通过编程的形式加热样品和确定样品能

量含量（如熵）的变化，确定塑料的比热容与温度之间的函数。从所得到的曲线中，可得到玻璃化温度、熔化温度和相应的比热变化。这些方法需要相当昂贵的仪器和富有经验的工作人员来实践。如需详细资料，读者应该阅读有关的参考文献。

4 杂原子的测试

　　前面介绍的那些简单的筛选方法并不总是能够准确地鉴定出未知塑料。在某些情况下，使用化学反应方法进行鉴别是不可避免的。首先，测试塑料中杂原子，除了碳和氢之外，其他元素如氮、硫、氯、氟、硅，有时还可能是磷。不幸的是，没有简单直接的方法鉴定样品中的氧，因此，定性检测氧元素是不可能的。下面的反应假定具有一定的实验技能和必要地关注。

　　为了定性分析元素硫、氮和氯，通常采用拉萨涅（Lassaigne）方法。将 $50\sim100mg$ 的细碎样品与豌豆大小的钠或钾片混合后放入热解管中。仔细地在本生灯中加热直到金属熔化（注意：应佩戴安全防护眼镜并使热解管远离眼睛）。样品必须无水，因为水与金属反应会发生爆炸。钠和钾必须储存在油或者类似的惰性烃中。在使用时，用镊子夹起一块金属，用刀或刮刀切取所需要的数量并放在滤纸上。然后小心地用滤纸吸干。切下后需立刻使用，并将剩余的金属放回油瓶中。剩余的金属不能扔到水中销毁。

加热后，小心地将发红光的热解管放入盛有约 10mL 蒸馏水的小烧杯中。玻璃管会破碎并将反应产物溶解在水中。这时，未反应的金属将与水反应，因此，用玻璃棒小心搅拌，直到没有进一步的反应发生为止。然后，过滤这些几乎无色的液体，或者用吸管小心从玻璃碎片和炭化残渣中移出液体。对于以下的测试，需要使用 1~2mL 这样的原始溶液。

（1）氮　在 1~2mL 原始溶液的样品中添加少量的（1 小勺）硫酸亚铁，并很快煮沸样品。冷却后加入几滴 1.5% 的三氯化铁溶液。经过稀盐酸酸化后，出现柏林蓝沉淀物。少量氮的存在将引起浅绿色溶液，该溶液中产生沉淀，尽管氮只会存在几个小时。如果溶液保持黄色，则不存在氮元素。

（2）硫　将原始溶液与约 1% 亚硝基铁氰化钠水溶液反应。出现深紫色表明样品含硫。这种反应很敏感。为了确定反应结果，将一滴碱性溶液滴在一个银币上。若存在硫元素，将出现褐色的硫化银斑点。另一种替代测试方法是用醋酸酸化原始溶液（用石蕊试纸或 pH 试纸检验），然后加入几滴 2mol/L 醋酸铅水溶液或用醋酸铅试纸检验。硫化铅的沉淀物或试纸变黑表明含硫元素。

在多硫化物、聚砜和硫化橡胶中硫的存在可以用下列不确定的实验证明。在干燥空气中加热样品（热解），在这一过程中形成的气体在稀氯化钡溶液中冒泡。有硫酸钡的白色沉淀证明有硫的存在。

(3) 氯　这种测试方法通常用来测试重卤素，但塑料中几乎没有溴和碘。用稀硝酸酸化原始溶液的样品，并加入少量的硝酸银溶液（100mL 蒸馏水中加入 2g，保持溶液在黑暗中或棕色烧杯中）。加入过量的氨可再次溶解白色片状沉淀证明存在氯元素。难溶于氨中的淡黄色沉淀证明存在溴元素。不溶于氨的黄色沉淀表明存在碘元素。

(4) 氟　用稀盐酸或醋酸酸化原始溶液，然后添加 1mol/L 氯化钙溶液。凝胶状氟化钙的沉淀表明存在氟元素（与下面相比）。

(5) 磷　将钼酸铵溶液加入到硝酸酸化的部分原始溶液中，在加热大约 1min 时获得沉淀。为了制备钼酸铵溶液，将 30g 钼酸铵溶解在 60mL 热水中，冷却后加水至 100mL。之后，将 1 小股含有 10g 硫酸铵的溶液加入到 100mL 的 55% 硝酸中（16mL 水和 84mL 浓硝酸）。放置 24h 后，用吸取或缓慢倒出的方法除去上层清液，并将溶液密封在黑暗中。

(6) 硅　将 100mg 无水碳酸钠、10mg 过氧化钠与 30～50mg 的塑料样品在一个小的铂或者镍的坩埚中混合（要小心），在火焰上缓慢熔化。冷却后，加入几滴水溶解这种物质，使其迅速沸腾，并用稀硝酸中和或轻微地酸化它。加入一滴钼酸盐溶液（参见磷的测试），然后加热至接近沸腾。冷却样品后加入一滴联苯胺溶液（将 50mg 的联苯胺溶解在 10mL 的 55％乙酸中；并加水至 100mL），然后添加一滴饱和的醋酸钠水溶液。蓝色表明存在硅元素。

（7）其他的鉴别反应　卤素，尤其是氯和溴，很容易通过敏感的贝尔斯登（Beilstein）试验方法鉴定出来。在本生灯中加热铜线的末端直到火焰颜色变为无色。冷却后，将少量待测的这种物质放在铜线上，并在火焰的无色部分的边缘上加热它。塑料燃烧时，若火焰呈绿色或青绿色，则证明存在卤元素。

通过在小试管中放入大约 0.5g 塑料并在本生灯火焰中热解它，可以证明氟元素的存在。冷却后，加入几毫升浓硫酸，试管壁的非湿润性特征可以证明氟元素的存在（与一个已知含氟样品的实验进行对比）。

从杂原子的实验结果，可以得出以下有用的结论：

① 氯　存在于塑料中，如聚氯乙烯、氯化聚乙烯和盐酸橡胶中。一些增塑剂也含有氯。阻燃剂通常含有氯或溴。

② 氮　存在于聚酰胺、氨基塑料、硝酸纤维素和用含氮漆处理过的玻璃纸膜中。

③ 硫　当在弹性橡胶材料中出现时，表明为硫化橡胶、聚砜或多硫化物。

④ 磷　很难在塑料中发现（酪蛋白除外）。然而，磷的存在表明含有磷酸盐增塑剂、稳定剂或阻燃剂。

表 4.1 给出了最重要的含杂原子的塑料汇编。

表 4.1 根据杂原子对塑料的分类[1]

杂原子	一	氧			卤素	氮，氧	硫，氧	硅	氮，硫	氮，硫，磷
		不可皂化	可皂化[2]							
			SN<200	SN>200						
	聚烯烃	聚乙烯醇	天然树脂	聚醋酸乙烯及聚乙烯醇其共聚物	聚氯乙烯	聚酰胺	聚硫醚	有机硅聚合物	硫脲缩合物	磺酰胺缩醛蛋白树脂
	聚苯乙烯	聚乙烯醚	改性酚醛树脂	聚丙烯酸甲酯及聚甲基丙烯酸甲酯	聚偏二氯乙烯共聚物	聚氨酯	硫化橡胶	聚硅氧烷		
	聚异丁烯	聚乙烯醇缩醛		聚酯纤维	多氟烃	聚丙烯腈及其共聚物				
	丁基橡胶	聚甲醛		醇酸树脂	氯化橡胶	氨基塑料				
		聚二醇		纤维素酯类	盐酸橡胶	聚乙烯咔唑				
		二甲苯树脂				聚乙烯吡咯烷酮				
		酚醛树脂								
		纤维素								
		纤维素醚类								

① 引自 W Kupfer, Z. analyt. Chem. 192 (1963) p. 219。

② SN=皂化值（每克物质中使用的氢氧化钾的毫克量）。

5 分析步骤

  根据上述章节描述的筛选试验和利用某些特定的反应，最重要的塑料可通过简单的分离方法来鉴别。首先是杂原子测试（第 4 章），然后是在不同溶剂中的溶解性测试（3.1 节）。如果有必要，可对其他的物理特性进行测试或进行化学反应。

  如先前已指出的，在许多情况下，塑料的溶解性取决于其分子量。对于共聚物和聚合混合物，溶解性还取决于其组分，这就可能会导致问题。在这种情况下，有必要使用附加的、更复杂的测试方法。

  根据存在的元素，塑料可以被分为 4 类。I 类中含有氯或氟元素；II 类中含有氮元素；III 类中含有硫元素；IV 类中不包含任何可鉴别的杂原子。

  对于下列的溶解性测定（按第 3.1 节中给出的方法），使用一未知的新样品。在加热溶剂时，请记住，许多有机液体或它们的蒸气是易燃（和）或有毒的。

■ 5.1 分类分析

Ⅰ类 含氯塑料和含氟塑料

在试管中，用约 50% 硫酸溶液加热样品。乙酸气味表明是氯乙烯和乙酸乙烯酯的共聚物。

如果结果显阴性，请按照 6.2.7 节中测试吡啶的方法进行。在此类塑料中，根据它们的溶解性来区分这些塑料，过程是漫长且结果通常是不确定的。在这一类塑料中，也可测试含氟塑料，特别是聚四氟乙烯和聚三氟氯乙烯。没有已知、简单、特定的反应可用于测试这些材料。对于它们的鉴别，除了它们的高密度（$2.1 \sim 2.3 \text{g/cm}^3$）和在室温下完全不溶性，还可以利用对氟的测试（见第 4 章）。聚三氟氯乙烯鉴别的关键是同时得到氯测试中的阳性结果。聚氟乙烯和含氟弹性体很少见，所以用简单的测试鉴别它们是不可能的。

Ⅱ类 含氮塑料

二苯胺测试：将 0.1g 二苯胺悬浮于 30mL 水中，然后小心地加入 100mL 浓硫酸（注意：该酸一定要缓慢加入）。将 1 滴这种新反应试剂滴到平板上的塑料样品上，出现深蓝色表明有硝酸纤维。

如果结果显阴性，采用结合甲醛的测试方法。用 2mL 浓硫酸和少许变色酸晶体在 $60 \sim 70 \, ^\circ\!\mathrm{C}$ 之间加热一小块塑料样品 10min。出现深紫色表明有甲醛。硝酸纤维、聚乙酸乙烯酯、聚乙烯醇缩丁醛和醋酸纤维会呈现出红色；然而，这些材料不包含在这部分的分析方法中。

如果甲醛测试显阳性，用10％氢氧化钾乙酸醇溶液（10gKOH溶解于约95mL乙二醇中）加热塑料样品。有氨（通过使湿润的红色石蕊试纸变蓝证实）的气味表示有脲醛树脂。三聚氰胺树脂不会释放出氨。但是，它们可以通过硫代硫酸盐反应来鉴别，并能与脲醛树脂明确地区分。为此，在油浴中将含有数滴浓盐酸的少量样品的试管加热到190～210℃，直到刚果红试纸不再变蓝。将溶液冷却，并添加少量硫代硫酸钠晶体。用一块被3％过氧化氢润湿的刚果红试纸盖住试管，并在油浴中加热至160℃。出现蓝色表示有三聚氰胺。

通过氮和硫同时存在可鉴别硫脲树脂（对于各个元素的鉴别，见6.2.13节）。

如果甲醛测试显阴性，在试管中用无水碳酸钠覆盖住样品，加热试管直到物料熔化。氨的气味表明有聚酰胺。如果蒸气是辛辣的，且pH值显中性或微酸性（有时也显碱性），则表明是聚氨酯。有甜的气味表明有丙烯腈。这些蒸气显然是碱性的（测试见6.2.4节）。第Ⅱ类塑料的测试被总结于图5.1中。

Ⅲ类　含硫聚合物

除了聚亚烷基硫化物、硫脲树脂、硫代氯化聚乙烯，这类聚合物还包括硫黄硫化的天然弹性体和合成弹性体。

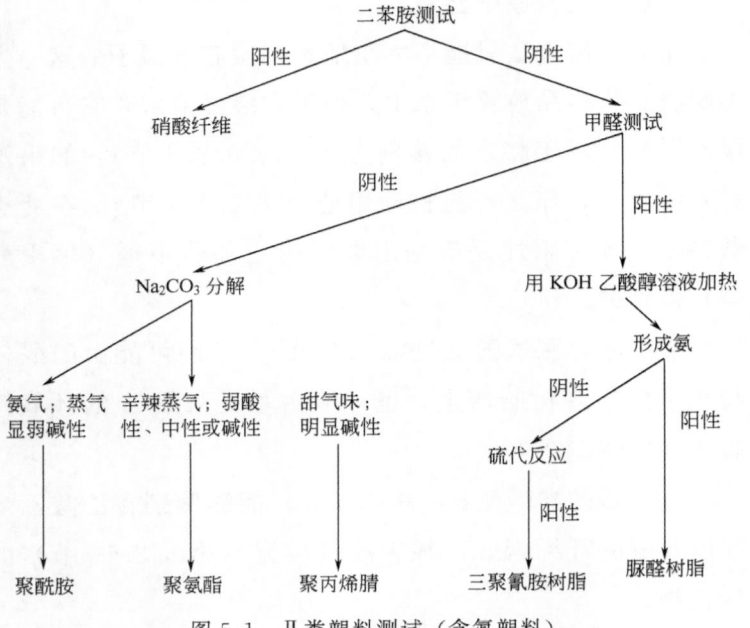

图 5.1　Ⅱ类塑料测试（含氮塑料）

由于它们的似橡胶行为，它们将与 6.2.18 节中的弹性体鉴别反应一起讨论。作为工程塑料的聚砜、聚苯硫醚也应在这一类中被考虑。如果由于同时存在氮元素而已经无法在第Ⅱ类中确定含硫聚合物，类似于硫脲树脂，则见 6.2.18 节和 6.2.19 节中讨论弹性体和耐高温热塑性塑料。

聚亚烷基硫化物（硫代塑料）具有相对较高的密度（$1.3\sim1.6g/cm^3$），并且通常具有强烈的硫化氢或硫醇气味（像臭鸡蛋气味）。在加热时，气味特别强烈，并可以以这种方式对它们进行定性鉴别。

Ⅳ类 无杂原子塑料

用此分离方法只能不完全地鉴别没有杂原子的这一大类塑料。将样品放置于水中，如果它缓慢溶解，它可能是聚乙烯醇（对于特定的鉴别方法，见 6.2.6 节）。如果塑料不溶于水，那么首先检验甲醛（见 6.1.4 节）。在此类塑料中，唯一阳性反应是由酚醛树脂和聚甲醛（聚甲醛类）得到的。

接下来，测试酚（见 6.1.3 节）。它们可能由酚醛树脂和甲酚甲醛树脂产生，也可能由基于双酚 A 的环氧树脂或聚碳酸酯产生。

进一步的醋酸测试（6.2.5 节）能够鉴别含乙酸乙烯酯以及醋酸纤维素或乙酸丁酸纤维素（第 6.2.16 节）的聚合物。

然而，这些试验不能鉴别某些化学性质非常惰性的塑料，如聚乙烯、聚丙烯、聚异丁烯、聚苯乙烯、聚甲基丙烯酸甲酯、聚丙烯酸酯、聚对苯二甲酸乙二醇酯、天然橡胶、丁二烯橡胶、聚异戊二烯和硅橡胶。它们的鉴别需要各自特定的反应，详见第 6 章。

分离和表征聚氯乙烯、聚乙烯和聚苯乙烯的混合物相对简单，这些塑料是构成所有废旧固体塑料的主要部分。该过程如下所示：

在室温下，将 2g 混合物在甲苯中搅拌 1h。过滤除去不溶性的残余物，如果可能的话，在 80℃下，在干燥箱中将其干燥。滤液中含聚苯乙烯，分离它的方法是将甲苯小心地蒸发掉，或者是缓慢地将溶液逐滴加入到约300mL甲醇中以使聚苯乙烯沉淀。为了确认此材料是聚苯乙烯，可利用6.2.2节中所述的特定聚苯乙烯鉴别试验。聚苯乙烯分离后，用约50mL甲苯处理先前干燥的固体残余物，在80℃水浴中加热约30min。这一处理几乎能将聚乙烯完全溶解，而聚氯乙烯在这些条件下仍然不溶。趁烧瓶中的物料还热的时候将其过滤，用热甲苯洗涤固体残余物，然后在50℃下干燥1h。鉴别这些材料，参见6.2.7节。聚乙烯能溶解于热甲苯，在溶液冷却至室温时沉淀，它可以通过过滤回收，并根据6.2.1节中给出的方法鉴别。

Hj. Saechtling 编辑的塑料鉴别表中给出了各种塑料的物理性质、溶解度、热解行为以及某些特征鉴别的详细汇编（见9.1节）。

6 特殊鉴别试验

■ 6.1 通用鉴别反应

本节中所描述的各种反应作为某些塑料的筛选试验是非常有用的，同时也可以测定一些塑料中特定的裂解产物，如酚类或甲醛。

6.1.1 Liebermann-Storch-Morawski 反应

取几毫克样品溶解或悬浮于 2mL 热乙酸酐中。冷却后，滴入 3 滴 50% 的硫酸（由等体积的水和浓硫酸混合而成）。立即观察颜色变化，待 10min 后再次观察。用水浴将它加热至 100℃，再观察。这一试验并不是特定的，但往往是一个非常有用的指示剂（表6.1）。

表 6.1　L-S-M 反应中的颜色变化

材　　料	颜　　色		
	立即	10min 后	加热至 100℃
酚醛树脂	带红色、紫红色	棕色	棕红色
聚乙烯醇	无色-淡黄色	无色-淡黄色	黑褐色
聚乙酸乙烯酯	无色-淡黄色	蓝灰色	黑褐色
氯化橡胶	黄褐色	黄褐色	由红色至黄褐色
环氧树脂	由无色至黄色	由无色至黄色	由无色至黄色
聚氨酯类	柠檬黄	柠檬黄	棕色、绿色荧光

6.1.2　用对二甲氨基苯甲醛的显色反应

取 0.1～0.2g 样品在试管中加热，将热解产物放置在一块棉塞上。将棉塞放到含 14% 对二甲氨基苯甲醛的甲醇溶液中，并滴入一滴浓盐酸。如果存在聚碳酸酯，将会出现深蓝色。如果存在尼龙，将会显现出枣红色。

6.1.3　吉布斯靛酚试验

在酚醛树脂中和在加热时可分解成苯酚或苯酚衍生物

的一些物质中，用吉布斯靛酚试验鉴别酚是非常有用的。聚碳酸酯树脂或环氧树脂，以及一些耐高温热塑性塑料就是这样的例子。在裂解试管中加热一小块样本最多 1min，并用事先准备好的滤纸盖住瓶口。事先准备的滤纸是在 2,6-二溴苯醌-4-氯酰亚胺的饱和乙醚溶液中浸湿，然后风干的。裂解后，将滤纸放在氨蒸气上方或用 1～2 滴稀氨水将滤纸润湿。滤纸呈蓝色表示有苯酚（甲酚、二甲酚）。

6.1.4 甲醛试验

在 2mL 浓硫酸和少许变色酸晶体中，加热一小块塑料样品约 10min，温度保持在 60～70℃。深紫色表示有甲醛的形成。醋酸纤维素、硝酸纤维素、聚乙酸乙烯酯或聚乙烯丁醛将产生红色。

■ 6.2 各种塑料

6.2.1 聚烯烃

聚乙烯和聚丙烯是塑料中最常用的聚烯烃。而聚-1-丁烯和聚-4-甲基戊烯-1 是不常用的。同样重要的还有被用作垫圈的某些乙烯和聚异丁烯的共聚物。鉴别这些材料最简单的方法是通过红外光谱（见 8.2 节）。当然，一些信息同样能通过熔点范围获得（见 3.3.3 节）。

聚　烯　烃	熔点范围/℃
聚乙烯(依据密度)	105～135
聚丙烯	160～170
聚-1-丁烯	120～135
聚-4-甲基戊烯-1	240 以上

　　鉴别聚烯烃存在可以通过一个简单的密度测量试验获得。与其他塑料制品的行为相反，不加填料的聚烯烃浮在水面上。其他唯一能浮在水面上的塑料就是发泡塑料或是含发泡剂的塑料。

　　热解气与氧化汞（Ⅱ）的反应能区分这些材料。要使用这一方法，在裂解试管中加热一块干燥的塑料样品，并用事先准备好的滤纸封住管口。制备这种滤纸，要用含 0.5g 黄色氧化汞（Ⅱ）的硫酸（1.5mL 浓硫酸小心地加入到 8mL 水中）溶液浸湿。如果蒸气中出现金黄色斑点，这表明塑料样品为聚异丁烯、丁基橡胶和聚丙烯（后者需几分钟后）。聚乙烯没有反应。天然橡胶与丁腈橡胶以及聚丁二烯产生褐色斑点。蜡状的油脂是聚乙烯和聚丙烯的热裂解产物。聚乙烯的气味像石蜡，聚丙烯略带芳香味。

　　聚乙烯和聚丙烯也可以通过用指甲刮划样品加以区

分：聚乙烯出现划痕，而聚丙烯无划痕。

6.2.2　聚苯乙烯

当在干燥的试管中加热聚苯乙烯时，有苯乙烯单体形成，很容易通过其典型的气味确认。

聚苯乙烯和含苯乙烯的共聚物的鉴别，可通过将一小块样品放置在一小试管中，加入几滴发烟硝酸，在聚合物不分解的情况下将酸蒸发。然后将残余物在小火焰上加热约1min。将试管固定，管口稍微向下倾斜，并覆盖一块滤纸。制备试纸，用2,6-二溴苯醌-4-氯酰亚胺的乙醚浓溶液浸湿，然后在空气中干燥。滴一滴稀氨水使试纸变得湿润，如果有聚苯乙烯存在，试纸变成蓝色。如果样品中仍含有一些游离硝酸，测试会受到影响，试纸变成棕色，这可能掩盖蓝色。此鉴别方法也可用于鉴别苯乙烯-丁二烯共聚物以及ABS（丙烯腈-丁二烯-苯乙烯共聚物）。丙烯腈的存在可通过氮试验确定。

6.2.3　聚甲基丙烯酸甲酯

在丙烯酸酯中作为一种注塑成型材料及一种玻璃状材料，聚甲基丙烯酸甲酯扮演着重要角色。对于它的鉴别，将0.5g样品和约0.5g干砂在试管中加热，在解聚反应中得到单体甲基丙烯酸甲酯。它会被试管口处的玻璃纤维塞捕捉。从一个试管，经由一个穿过橡胶塞的弯曲玻璃管到另一个试管中可提取甲基丙烯酸甲酯单体（图 6.1）。将单体样品与少量的浓硝酸（密度 $1.4g/cm^3$）一起加热，直到得到清澈的黄色溶液。冷却后，用约其体积一半的水将它稀释，然后逐滴加入 5％～10％亚硝酸钠溶液。可用氯仿萃取的甲基丙烯酸甲酯会显现出青绿色。在热解过程中，会产生聚丙烯，除了单体酯外，还会产生一些气味浓烈的分解产物。热解产物呈黄色或棕色和显酸性。

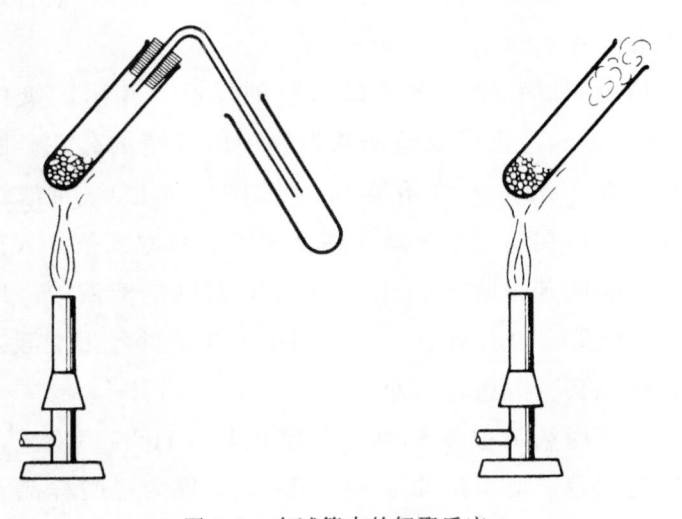

图 6.1 在试管中的解聚反应

6.2.4 聚丙烯腈

聚丙烯腈纤维是最常见的，在与苯乙烯、丁二烯或甲基丙烯酸甲酯共聚的含丙烯腈的塑料中也含有聚丙烯腈。所有这些聚合物都含有氮。

要鉴别丙烯腈聚合物，取材料样品，并添加少量锌粉和几滴 25% 的硫酸（1mL 浓硫酸缓慢加入到 3mL 水中）。在瓷坩埚中加热这一混合物，并用经过以下试剂润湿的滤纸盖住坩埚：1.0L 水中溶解 2.86g 醋酸铜，然后溶解 14g 联苯胺在 100mL 醋酸中，在 67.5mL 此溶液中加入 52.5mL 水。醋酸铜溶液和联苯胺溶液分装在不同容器中，放置在黑暗条件下，使用前将它们按等体积混合。滤纸上有蓝色点表示有丙烯腈存在。

通过在试管中加热干燥材料的样品，并用试纸检测 HCN 的形成，也可以验证共聚物中丙烯腈的存在。制备试纸，在 100mL 水中溶解 0.3g 醋酸铜（Ⅱ），将滤纸条浸渍，然后在空气中干燥。在使用前，将滤纸条浸入在含有 0.05g 联苯胺的 100mL、1mol/L 醋酸的溶液中（用等量的 2N 醋酸和水制备）。如果 HCN 生成并经过潮湿的试纸，试纸会变成蓝色（小心！）。

当聚丙烯腈被热解时，有氰化氢（HCN）生成，可以通过普鲁士蓝反应来鉴别。将 0.5g 聚丙烯腈样品在试管中完全热降解，并将热解蒸气引入到 3mL 的稀氢氧化钠溶液中。加入约 1mL 硫酸亚铁溶液后，将混合物煮沸，然后与几滴氯化铁溶液反应。用稀盐酸酸化后，含腈基团的聚合物会产生特有的蓝色。

为了区分聚丙烯腈、聚酰胺或聚氨基甲酯，将几毫克的样品溶解于约 3mL 的二甲基甲酰胺中。在加入约 3mL 60％的氢氧化钠溶液（6gNaOH 小心溶解于 10mL 水中）后，加热混合物，只有当丙烯腈存在时，才能观察到橙红色。

6.2.5　聚醋酸乙烯酯

可以确定的是，含有醋酸乙烯酯的聚合物在热分解时会产生醋酸。醋酸纤维素的性质与之类似。为了测试这一点，裂解少量样品，并用蘸了水的棉球收集蒸气，然后用水清洗棉球，再用试管收集清洗液。滴入 3～4 滴 5％的硝酸镧水溶液，1 滴 0.1mol/L 的碘溶液和 1～2 滴浓氨水。聚醋酸乙烯会变成深蓝色或近乎黑色。聚丙烯酸酯变成红色，聚乙烯缩醛类由绿色变成蓝色。作进一步的测试，可以利用 Liebermann-Storch-Morawski 反应（参见 6.1.1 节）。聚醋酸乙烯酯用 0.01mol/L 碘或碘酸钾溶液（0.1mol/L 的溶液稀释到原体积的 10 倍）润湿会呈现出紫褐色，这种颜色用清水清洗时会变得更强。

6.2.6　聚乙烯醇

皂化聚乙酸乙烯酯可得到聚乙烯醇，后者作为塑料原料没有什么特殊的重要性。根据皂化过程中的转变，鉴别反应会产生不同的结果。高度皂化的聚乙烯醇不溶于有机溶剂，但可溶于水和甲酰胺。此测试涉及到与碘反应，将 5mL 的聚乙烯醇水溶液与两滴 0.1mol/L 碘-碘化钾溶液反应，用水稀释，直到产生的颜色可以辨认。取 5mL 此溶液与一抹刀尖的硼砂反应。摇晃此混合液并用 5mL 浓盐酸酸化，尤其是未溶解的硼砂颗粒上会出现深绿色，这表明有聚乙烯醇。淀粉和糊精的存在可能会干扰这种测试。

6.2.7 含氯聚合物

除了聚氯乙烯（PVC），含氯聚合物和不同的氯乙烯的共聚物有：聚偏二氯乙烯、氯橡胶、盐酸橡胶、氯化聚烯烃、聚氯丁二烯、聚三氟氯乙烯。除了用 Beilstein 测试方法检测氯（见第 4 章），这些聚合物还可以通过与吡啶的显色反应来鉴别（见表 6.2）。

首先，必须用乙醚萃取的方法将增塑剂从材料中分离，或者在四氢呋喃中溶解样品，过滤掉不溶解的组分，加入甲醇再沉淀。在最高温度为 75℃ 下萃取和干燥后，将一小块样品与 1mL 吡啶反应。让它静置几分钟，然后加入 2～3 滴 5% 的氢氧化钠甲醇溶液（1g 氢氧化钠溶解于 20mL 水中）。立即注意颜色变化，在 5min 后和 1h 后再次观察。为了更明确的测试，用 1mL 吡啶煮沸少量不含增塑剂的材料，持续 1min。将溶液分成两部分，再次煮沸这两部分，然后往其中一部分立即滴加两滴 5% 的氢氧化钠甲醇溶液。将另一部分冷却，然后加入两滴氢氧化钠甲醇溶液。立即观察其颜色，5min 后再次观察（见表 6.2）。

表 6.2 含氯塑料与吡啶的显色反应

材料	与吡啶和试剂溶液煮沸		与吡啶煮沸；冷却；加入试剂溶液		吡啶和试剂溶液加入到未加热样品中	
	立即	5min 后	立即	5min 后	立即	5min 后
聚氯乙烯	红棕色	血红色，棕红色	血红色，棕红色	红棕色，黑色沉淀	红棕色	黑褐色
氯化聚氯乙烯	血红色，棕红色	棕红色	棕红色	红棕色，黑色沉淀	红棕色	红棕色
氯化橡胶	深红棕色	深棕红色	黑褐色	黑褐色沉淀	橄榄棕	橄榄棕
聚氯丁烯	云白色	云白色	无色	无色	云白色	云白色
聚偏二氯乙烯	黑褐色	黑褐色沉淀	黑褐色沉淀	黑褐色沉淀	黑褐色	黑褐色
PVC模塑混合物	黄色	黑褐色沉淀	云白色	白色沉淀	无色	无色

注：云白色，white cloudy。

6.2.8 聚甲醛

聚甲醛或聚缩醛类（甲醛或三聚甲醛的聚合物）加热时会产生甲醛，用变色酸测试甲醛显阳性（见6.1.4节）。

6.2.9 聚碳酸酯

几乎所有用作塑料的聚碳酸酯中都含有双酚A。对于阳性鉴别，可用与对二甲氨基苯甲醛的显色反应（见6.1.2节）或吉布斯靛酚试验（见6.1.3节）。

聚碳酸酯在10%的氢氧化钾酒精溶液中加热时，几分钟内就会完全皂化。此反应过程中会产生碳酸钾沉淀，将沉淀过滤出来。用稀硫酸酸化沉淀物，这会释放出二氧化碳气体，将气体通入到氢氧化钡溶液中，会生成碳酸钡白色沉淀。

6.2.10 聚酰胺

最重要的工业用聚酰胺是尼龙-6、尼龙-66、尼龙-610、尼龙-11和尼龙-12。也有一些不同的酰胺共聚物可以通过简单的方法来鉴别，就像鉴别聚酰胺一样（例如，通过火焰燃烧的犄角焦煳气味鉴别；见3.3.2节）。然而，并不是能够完全鉴别出的。

在某些情况下，熔点的测定可以区别不同类型的聚酰胺：

聚酰胺类型	熔点范围/℃
聚酰胺-6(尼龙-6)	215～225
聚酰胺-66(尼龙-66)	250～260
聚酰胺-610(尼龙-610)	210～220
聚酰胺-11(尼龙-11)	180～190
聚酰胺-12(尼龙-12)	170～180

聚酰胺也能通过与对二甲氨基苯甲醛的显色反应来鉴别（见 6.1.2 节）。

通过各聚酰胺酸水解中形成的酸可以很容易地鉴别聚酰胺。为了这一目的，使用回流冷凝器（图 6.2）用 50mL 浓盐酸加热 5g 样品。持续回流，直到样品的主要部分被溶解。然后用炭火将溶液烧开，直到颜色消失并趁热将它过滤。冷却后，滤出沉淀的酸，从少量的水中重结晶。如果没有酸沉淀，用乙醚提取滤液。将乙醚蒸发掉，使残留物从水中重结晶。这些酸具有以下熔点：

乙二酸(尼龙-66)	152℃
癸二酸(尼龙-610)	133℃
ε-氨基己酸盐酸盐(尼龙-6)	123℃
11-氨基十一酸(尼龙-11)	145℃
12-氨基十二酸(尼龙-120)	163℃

通过将样品溶解于二甲基甲酰胺中，然后加入氢氧化

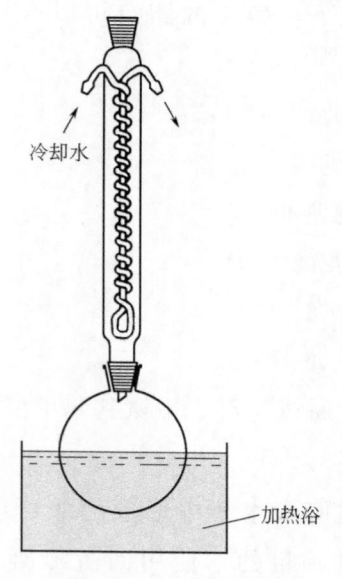

图 6.2　回流冷凝器

钠溶液，很容易从聚丙烯腈中区分聚酰胺（见 6.2.4 节）。

6.2.11　聚氨酯

在热解过程中，聚氨酯在某种程度上将再次形成用于合成的异氰酸酯。对于它们的鉴别，在试管中加热一干燥的样品，将产生的蒸气通过滤纸，然后将滤纸用 1% 的 4-硝基苯重氮氟硼酸（4-nitrobenzodiazoniumfluoroborate）（Nitrazol CF extra）润湿。根据异氰酸酯的种类，滤纸将会变成黄色、棕红色或紫色。

区分聚氨酯和聚丙烯腈，见 6.2.4 节。

6.2.12 酚醛塑料

酚醛树脂是由苯酚或苯酚衍生物和甲醛组成。在很多情况下，它们还包含有机或无机填料。树脂固化后，不溶于所有的常用溶剂，但它们溶解并分解于苄胺中。酚醛树脂可在吉布斯靛酚试验中鉴别（见 6.1.3 节）。结合甲醛可用变色酸鉴别（见 6.1.4 节）。

6.2.13 氨基塑料

氨基塑料是甲醛和尿素、硫脲、三聚氰胺或苯胺的缩聚产物。它们常被细木粉、石子或其他无机填料填充，并主要用作模塑零件或层压材料。所有的氨基塑料中都包含氮元素和结合甲醛，这可以采用变色酸来鉴别（见 6.1.4 节）。

一种特殊的鉴别尿素的试验是与脲酶的酶促反应。取 50mg 树脂粉末或 0.1mL 树脂溶液放入试管中，用本生灯小心加热直到全部甲醛被除尽（检查气味）。冷却后，用 10％的氢氧化钠进行中和，用酚酞作为指示剂，加入 1 滴 1mol/L 的硫酸和制备的新鲜的 10％尿素酶溶液。然后用 1 片湿润的石蕊试纸靠近试管的上缘。很短时间后，试纸显示蓝色表示有氨的存在，这只能是由脲醛树脂形成的，而不是由三聚氰胺树脂产生。六亚甲基四胺是唯一可能干扰此反应的物质。

脲醛树脂和硫脲树脂可以通过以下方法鉴别，取几毫克的样品，滴入 1 滴热的浓盐酸（约 110℃）并加热直到干燥。冷却后，加 1 滴苯肼，在 195℃ 的油浴中加热样品，持续 5min。将其冷却并加入 3 滴稀氨水（按体积比 1∶1）和 5 滴 10% 的硫酸镍水溶液。加入氯仿并晃动，溶液由红色变成紫色表明有尿素或硫脲的存在。

另一个对硫的测试可区分尿素与硫脲。三聚氰胺树脂可以通过热解鉴别。用几滴浓盐酸加热 1 小块样品，使用裂解试管在温度为 190～200℃ 的油浴中加热。用刚果红试纸盖住管口，加热试管直到试纸不再变蓝，然后冷却。再在冷却后的剩余物中加入少许硫代硫酸钠晶体。用蘸有 3% 过氧化氢溶液的刚果红试纸盖住裂解试管，并再次在 160℃ 的油浴中加热。在三聚氰胺的存在下，试纸会变成蓝色（脲醛树脂没有反应）。

苯胺树脂可通过分解加以鉴别。产生的气体不管是加入到次氯酸钠还是次氯酸钙溶液中都会产生紫红色或紫色溶液。

6.2.14　环氧树脂

由于双酚的存在，根据吉布斯靛酚试验，环氧树脂给丙烯腈一种关于苯酚的阳性反应（见 6.1.3 节）。然而，与酚醛树脂相比，用变色酸测试甲醛（见 6.1.4 节）显阴性。

在低于 250℃热解过程中，所有的环氧树脂均会产生乙醛。在油浴中使用裂解试管加热样品到 240℃。将蒸气通过浸有 5％亚硝基铁氰化钠和吗啉的新鲜水溶液的滤纸。蓝色表明有环氧树脂。

一种环氧树脂也可以通过以下方式鉴别：在室温下，将约 100mg 树脂溶解于大约 10mL 浓硫酸中，然后加入约 1mL 浓硝酸。5min 后，在溶液表面上小心地覆盖 5％的氢氧化钠水溶液。在基于双酚 A 的环氧树脂的存在下，在分层的界面处会出现樱桃红的颜色。

另外，在环氧单体中，或是在仅部分反应的树脂中，一种简单测试自由环氧基团的方法是，与 2,4-二硝基苯磺酸的反应。在哌嗪的存在下，形成的酯呈现出一种深黄色。对于这一测试，取 0.5g 样品溶解于几毫升的二噁烷中，然后加入 1％ 2,4-二硝基苯磺酸的二噁烷溶液。1h后，加入 1％哌嗪的二噁烷溶液。这种黄色特指自由环氧基团。

6.2.15　多元酯

不饱和聚酯是在可聚合单体（通常为苯乙烯）中以被溶解树脂的形式产生的。它们也以模塑树脂或硬化产品的形式被熟知。能将它们与饱和脂肪族和芳香族聚酯区分开。后者中有聚对苯二甲酸乙二醇酯和聚对苯二甲酸丁二醇酯。

大多数不饱和聚酯的酸性成分是马来酸、邻苯二甲酸、癸二酸、富马酸或己二酸，所有这些酸都可以直接鉴别出来。

① 邻苯二甲酸　在 120～150℃之间，用麝香草酚（1份样品配 3 份麝香草酚）和 5 滴浓硫酸加热 1 小份聚合物样品 10min。冷却后，将样品溶解于 50％乙醇溶液中，并加入 2mol/L 的氢氧化钠使该溶液呈碱性。邻苯二甲酸酯会产生深蓝色。

② 琥珀酸　可以通过用少量树脂（或 3～4 滴可用的树脂溶液）与大约 1g 对苯二酚和 2mL 浓硫酸进行反应，可以用来鉴别琥珀酸。将其反应物在小火焰上加热至约 190℃，冷却样品，并用 25mL 水将样品稀释，然后加入约 50mL 甲苯并均匀摇晃它。当溶液变成红色时，可以确定琥珀酸的存在。用水洗涤甲苯相，并用 0.1mol/L 氢氧化钠与之反应。然而，出现蓝色的结果表明，这些树脂中可能存在邻苯二甲酸，并会干扰测试结果。

③ 马来酸树脂　在 Liebermann-Storch-Morawski 反应中会呈现出葡萄酒红或黄褐色（见 6.1.1 节）。

④ 聚对苯二甲酸乙二醇酯和聚对苯二甲酸丁二醇酯均易溶于硝基苯。对于它们的鉴别，在用滤纸覆盖的玻璃试管中热解 1 小块固体塑料样本。首先，用稀氢氧化钠的邻硝基苯甲醛饱和溶液润湿滤纸。出现青绿色（靛蓝），表明有对苯二甲酸。

用简单的方法，明显区分聚对苯二甲酸乙二醇酯

（PET）和聚对苯二甲酸丁二醇酯（PBT）是困难的。PET 的熔点为 250～260℃，PBT 的熔点大约为 220℃。然而，添加剂可能会导致这些熔点的偏离。

PET 和 PBT 可以通过这些聚合物在燃烧管中加热时产生的白色升华物来鉴别。

6.2.16　纤维素衍生物

醋酸纤维素是大家最熟知的纤维素塑料。其他的还有醋酸丁酸纤维素和丙酸纤维素。水化纤维素可以用作硫化纤维。纤维素的鉴别可能相当简单。溶解或悬浮一样品在丙酮中，用 2～3 滴 2% α-萘酚的乙醇溶液与之反应，并在此溶液的下面小心地引入一层浓硫酸。在相边界处，有一由红色到棕红色的环形成。在有硝酸纤维素的存在下，形成一个绿色的环。糖和木质素会产生干扰。对于醋酸纤维素和醋酸丁酸纤维素之间的区分，检验干烧样品所产生的蒸气通常就足够了。醋酸纤维闻起来像醋酸，醋酸丁酸纤维素闻起来像醋酸和丁酸（像腐臭的黄油）。

在醋酸纤维素或丙酸纤维素的鉴别中，人们可以应用与硝酸镧的反应。在这一试验中，将 1～2 滴 50% 的硝酸镧水溶液和 1 滴 0.1mol/L 碘溶液滴在现场试验板上的少量聚合物样品上，然后滴 1 滴浓氨水。如果醋酸纤维素存在，会立即观察到蓝色；如果是丙酸纤维素，颜色会是棕色的。硝酸纤维素（赛璐珞）可以通过上述反应和敏感的二苯胺试验来鉴别。将样品与 0.5mol/L 氢氧化钾水溶液（2.8g 氢氧化钾溶于 100mL 水）或 0.5mol/L 氢氧化钠溶液（2.0gNaOH 溶于 100mL 水）加热几分钟，然后用稀硫酸将其酸化。从残余物中分离上层清液。将 10mL 浓硫酸中含 10mg 二苯胺的溶液加入在该清液的顶层。在分界面处有蓝色圈表明存在硝酸纤维素。为了鉴别玻璃纸上的硝基漆，溶解少许二苯胺晶体于 0.5mL 浓硫酸中，并滴几滴此溶液到样品上，蓝色显示阳性。

硫化纤维不溶于所有有机溶剂，可燃烧降解，形成焦炭，闻起来像烧焦的纸。

6.2.17　聚硅氧烷

聚硅氧烷都是以树脂、油、油脂的形式生产，也可以为橡胶状弹性产品。这些材料也可作为加工助剂出现在塑料制造中，如浸渍化合物、涂料、分离材料、脱模剂等。因为含有硅元素，因此可鉴别它们。为了检测硅，将大约 30mg 的样品与 100mg 碳酸钠和 10mg 过氧化钠混合。用铂或镍坩埚在火上加热此混合物。将熔体溶解在几滴清水中，煮沸，然后加入稀硝酸直至溶液呈中性或微酸性。然后，以加几滴钼酸铵的常规方法鉴别硅（见第 4 章）。

6.2.18 橡胶状塑料

严格来说，虽然橡胶不应该被归类为塑料，但这里会考虑到最重要的类型，因为它们的应用领域与塑料的应用领域有重叠。用氧化汞（Ⅱ）可鉴别丁基橡胶（含有百分之几异戊二烯单位的聚异丁烯）。聚丁二烯和聚异戊二烯中都含有双键，可用威冶氏（Wijs）溶液来鉴别。此试剂溶液是将 6~7mL 纯氯化碘溶解于冰醋酸中（至 1L）而配制的。该溶液必须放置在黑暗条件下，并且在有限的储存时间内。为了鉴别聚合物，将其溶解于四氯化碳或熔态对二氯苯（熔点 50℃）中，逐滴地添加试剂与之反应，双键会使溶液褪色。这种方法对橡胶专用的，一般也适用于所有不饱和聚合物。

使用 Burchfield 显色反应来区分不同类型的橡胶（见表 6.3）。在试管中加热 0.5g 样品，将热解蒸气通到如下所述的试剂中。观察其颜色，然后用 5mL 甲醇稀释该溶液并煮沸 3min。

表 6.3 Burchfield 显色反应区分弹性体

弹性体	热解蒸气与试剂接触时	加入甲醇并煮沸 3min 后
无(空白试验)	淡黄色	淡黄色
天然橡胶(聚异戊二烯)	棕黄色	绿-紫-蓝
聚丁二烯	浅绿色	青绿色

续表

弹性体	热解蒸气与试剂接触时	加入甲醇并煮沸 3min 后
丁基橡胶	黄色	棕黄色至弱青紫色
苯乙烯-丁二烯共聚物	黄绿色	绿色
丁二烯-丙烯腈共聚物	橙红色	红色至棕红色
聚氯丁烯	黄绿色	浅黄绿色
硅橡胶	黄色	黄色
聚氨酯弹性体	黄色	黄色

　　试剂　轻轻加热 100mL 甲醛以溶解 1g 对二甲氨基苯甲醛和 0.01g 对苯二酚。然后用 5mL 浓盐酸和 10mL 乙二醇与该溶液反应。此试剂在棕色瓶中可保存数月。

　　橡胶类聚合物包括了在第 1 章中已经提及的热塑性弹性体（TPE）。它们大多数是由弹性的软质相和热塑性塑料的硬质相组成的两相体系。可能组合的数量几乎是无限的，这就使对它们的鉴别变得复杂，并几乎总是需要昂贵的仪器来分析。在许多情况下，这些材料都是嵌段共聚物，偶尔是共混物。下图提供了最重要的热塑性弹性体类型的概述，也可作为对它们定性分析的指南：

嵌段共聚物

苯乙烯-丁二烯-苯乙烯（SBS）
苯乙烯-乙烯-丁二烯-苯乙烯（SEBS）

热塑性聚烯烃（共混，部分交联）

聚丙烯／乙烯-丙烯
三元共聚物（PP-EPDM）

乙烯-醋酸乙烯／聚偏二氯乙烯（EVA ／ PVDC）

聚丙烯 ／ 丁腈橡胶（PP-NBR）

热塑性聚氨酯（TPU）

聚醚嵌段聚酰胺（PEBA）

共聚酯，聚醚酯（TEEE）

首先，根据前面章节描述的过程鉴别 TPE 的组分（检测 EPDM 中的双键或丁二烯的成分，参见前面的段落；聚烯烃，见 6.2.1 节；苯乙烯聚合物，见 6.2.2 节；乙烯／醋酸乙烯共聚物，见 6.2.5 节；聚氨酯，见 6.2.11 节；聚酰胺，见 6.2.10 节；聚醚酯中的对苯二甲酸，见 6.2.15 节）。

与天然橡胶（顺式聚异戊二烯）对比，杜仲胶（反式聚异戊二烯）相当硬，但不脆，并有一点弹性。它会在约 30℃时软化，在 60℃时变为塑性，在温度 100℃下降解熔融。

6.2.19 耐高温热塑性塑料

耐高温热塑性塑料这一术语用于聚合物，在无填料的情况下，其连续使用温度大约在 200℃以上。相比之下，普通塑料，如聚氯乙烯、聚乙烯或聚苯乙烯，连续使用温度量级为 100℃。除了其高温稳定性，HT-热塑性塑料在一般情况下，具有良好的耐化学性和低可燃性。其中最重要的 HT-热塑性塑料有：聚苯硫醚（PPS）、聚砜（PSU）、聚醚砜（PES）、聚醚酰亚胺（PEI）、聚醚醚酮

（PEEK）、和聚芳酯（PAR）。

第一种最重要的区分 HT-热塑性塑料的方法是检测它们在各种溶剂中的行为。表 6.4 显示，PEEK 和 PES 完全不溶于最常用的溶剂，而 PAR、PEI 和 PES 易溶于氯化溶剂。聚酰胺 PA6-3-T（聚对苯二甲酸三甲基六亚甲基二胺）不溶于氯化溶剂，但可溶于二甲基甲酰胺中。在室温下不溶解的这些 HT-聚合物中，能鉴别出 PPS，在超过约 200℃时它溶解于氯萘和甲氧基萘中。

表 6.4　HT-热塑性塑料溶解温度　　单位：℃

HT-热塑性塑料 ＼ 溶剂	氯仿	四氢呋喃	对二甲苯	二氯甲烷	二甲基甲酰胺	间甲酚	乙酸乙酯	三氯苯	甲乙酮	甲苯
PEEK	i	i	i	i	i	sw	i	i	i	i
PEEK（非结晶型）	25	25	i	20	138	40	i	30	i	i
PEI	25	sw	i	20	45	58	i	110	i	i
PA6-3-T	i	i	i	i	30	60	i	20	i	i
PAR	25	25	i	20	111	40	i	30	i	i
PESU	25	i	i	20	20	40	i	i	i	i
PPS	i	i	i	i	i	i	i	i	i	i

注：i＝不溶解；sw＝溶胀的。

更多信息能够通过热解蒸气的 pH 值获得，见表 6.5。

关于 PAR，可以闻到苯酚的气味，这表明聚合物链中存在酚类成分；PES 裂解结果是有刺激的二氧化硫气味；PEI 和 PA6-3-T 加热时气味像犄角焦烟味。

表 6.5 HT-热塑性塑料的热解蒸气的 pH 值

酸性(pH=0～5)	中性(pH=6～7)	碱性(pH=8～12)
PAR	PEEK	PEI
PESU	PEEK(非结晶型)	PA6-3-T
PPS		

HT-热塑性塑料在燃烧时的行为也可用于对它们的鉴别（表 6.6）。

表 6.6 HT-热塑性塑料的燃烧行为

聚合物	可燃性	火焰	烟的气味	表示
PEEK	从火焰离开后很快就熄灭	微黄，微烟	轻微的苯酚气味	苯酚
PEEK（无定形）	从火焰离开后立即熄灭	黄色,起泡	轻微的苯酚气味	苯酚
PEI	从火焰离开后立即熄灭	微黄,起泡	犄角焦烟味	氮(酰胺,酰亚氨)
PA6-3-T	从火焰离开后立即熄灭	蓝色火焰边界,乌黑	犄角焦烟味	氮(酰胺)
PAR	从火焰离开后立即熄灭	黄色,起泡	苯酚的气味	苯酚

聚合物	可燃性	火焰	烟的气味	表示
PESU	从火焰离开后立即熄灭	黄色,起泡	刺激的二氧化硫气味	硫
PPS	从火焰离开后立即熄灭	乌黑	强烈的硫化氢气味	硫

更多的信息可以从某些特殊的测试中获得。因此，吉布斯靛酚试验对鉴别 PEEK、PAR 和 PEI 是有效的（见6.1.3 节）。使用与对二甲基氨基苯甲醛的显色反应（见6.1.2 节），可以将 HT-聚酰胺，如 PA6-3-T，从热解过程中能产生酚醛类分解产物的塑料中区分出来。对于聚酰胺，加入浓盐酸后形成的红色仍保持不变，而对于聚碳酸酯，则会变成蓝色。

6. 2. 20　纤维

下面的方法将用于鉴别纺织纤维中的聚合物。

（1）可燃性试验　燃烧羊毛的气味就像犄角焦煳味，燃烧丝绸闻起来像烧焦的蛋清，燃烧纤维素纤维的气味就像燃烧纸。聚酰胺和聚酯纤维在燃烧之前会软化；聚丙烯腈纤维在燃烧后，会留下硬质、黑色球形颗粒状残留物。在试管中加热干燥的纤维（羊毛、丝绸、聚酰胺）会产生碱性蒸气，而棉、韧皮纤维、再生纤维素（人造丝）会产生酸性蒸气（用湿润的常规试纸测试）。

（2）溶解性试验　纤维素酯纤维（例如，醋酸纤维素、硝酸纤维素）溶解在丙酮或氯仿中，聚酰胺纤维溶解于浓甲酸，聚丙烯腈纤维溶于冷的浓硝酸和沸腾的二甲基甲酰胺中。聚酯纤维可溶于 1,2-二氯苯或硝基苯，而羊毛可溶于氢氧化钾中。聚酰胺纤维能通过它们在 4.2mol/L 盐酸中的不同的溶解性来加以区分：聚酰胺-66（尼龙-66）在加热时可溶解，聚酰胺-6（尼龙-6）在室温下就溶解 [4.2mol/L HCl 的制备：将 35mL 发烟盐酸（12.5mol/L）小心地倒入 65mL 水中]。

这些简单、快速的测试并不总是可靠的，因为纺织品是由多种纤维混合而成的，其结果取决于纤维的类型和组分。更多的信息可以通过红外光谱分析方法得到。

对于羊毛及其他动物毛发的鉴别，可以应用所谓的铅酸反应：在加热至 80～90℃ 的醋酸铅水溶液或乙醇溶液中，有硫存在的情况下，会出现黑色。

■ 6.3　聚合共混物

近年来，已经开发出的不同聚合物的混合体系或共混物在塑料工业中的重要性日益增加。这些被称为聚合物共混物或聚合物合金的材料（见表 1.3），一般采用两种或多种热塑性塑料混合制备。它们将热塑性组分的性能以一种有利的方式组合，在某些情况下，共混物的性能要优于其各自组分的性能（聚合物的混合物也是从回收的混合塑料中得到，因此，在重复使用它们之前必须加以鉴别）。

由于大量的可能的共混物组分，和通常存在着由相当复杂的化学成分构成的所谓的相溶剂，因此用简单的方法对聚合物共混物进行透彻的分析是不可能的。但是，通过一些筛选试验和选定的特别测试手段，至少可以得到这些体系中主要组分的定性信息。

溶解性测试可对聚合物共混物中的组分进行试验性鉴别。ABS与聚碳酸酯的共混物可溶于大多数的极性溶剂中。在四氢呋喃和甲基乙基酮中溶解表明这类共混物中不存在聚烯烃，并且也可以排除芳香族聚酯或聚酰胺的存在。另一方面，一般它们可能含有这些高溶解性聚合物，如聚苯乙烯、PVC、ABS或聚甲基丙烯酸酯。然而，含有聚苯二甲酸丁二醇酯或聚对苯二甲酸乙二醇酯的共混物不溶于常规溶剂，但需要间甲酚，它可以清楚地表明芳香族聚酯是存在的。聚烯烃可溶解在110℃以上高温的甲苯和对二甲苯中，这种行为是含有聚乙烯或聚丙烯共混物的特性。

热解实验对进一步分析聚合共混物是非常有用的。通过产生热解蒸气的pH值可以区分聚合物的不同种类。中性热解蒸气的形成表明共混物中不含任何杂元素，因此，通常属于聚烯烃类。酚或弱酸的形成，如对苯二甲酸，可导致形成微酸性蒸气（pH为3～5），这表明共混物中可能含有聚碳酸酯或芳香族聚酯。含聚氯乙烯的共混物会由于盐酸的形成而产生强酸性蒸气，这可以通过其刺激性气味检测（小心!），或当蒸气通过氨蒸气时，通过形成的白色雾状氯化铵来判断。

　　某些聚合共混物的可燃性行为已总结于表 6.7。从表6.7 中，人们可以得到一些有用的信息：如果材料很容易燃烧，而熔化缓慢并且产生明显的石蜡气味，这些都说明此材料为聚烯烃共混物。很强乌黑的火焰是存在芳香结构的明确迹象，而犄角焦烟气味表明含氮。PVC 共混物的鉴别是相对容易的，因为一般都会产生刺激的盐酸气味，而其材料的燃烧性通常很差。当共混物中含有聚碳酸酯时，大多数情况下会闻到一股典型的苯酚气味。

表 6.7　聚合共混物的可燃性行为

共混物	可燃性	火焰	烟的气味	表示
PVC 共混物	从火焰离开后立即熄灭	绿色火焰边界	刺激的盐酸气味	氯
ABS／PC	从火焰离开后持续燃烧	明亮的火焰,乌黑	微弱的苯乙烯和燃烧橡胶的气味	苯乙烯共聚物
PBT／PC	从火焰离开后持续燃烧	明亮的火焰,乌黑	微甜,刺痛	聚碳酸酯
PBT／PET	从火焰离开后持续燃烧	明亮的火焰,乌黑	微甜,发痒	对苯二甲酸酯
PE／PP	从火焰离开后持续燃烧	微黄,蓝色火焰边界	石蜡的气味,略像燃烧的橡胶	聚烯烃

当用氧化汞（Ⅱ）测试聚烯烃时（见 6.2.1 节），在大多数情况下，或快或慢地会出现黄色。对于聚烯烃共混物，没有明显的颜色差异可供鉴别。但是，如果共混物中聚乙烯含量非常高，没有色变或只能看见轻微的色变，这是因为聚乙烯不与氧化汞（Ⅱ）反应。

用简单的方法通过软化和熔化行为来鉴别共混物是不可能的。然而，通过差式热分析（DTA）可很容易地确定玻璃化转变温度和熔化温度。由于大多数的聚合物是不相容的，所以可平行观察到共混物中各组分的特征值，并基本保持不变。最后，应该指出的是，红外光谱也可用来鉴别聚合物共混物中的各个组分。然而，在很多情况下，各组分的吸收带重叠，因此，必须将共混物与已知的样品作对比，这是很困难的，所以没有一种合适的方法来鉴别未知的材料。

■ 6.4 聚氯乙烯中的金属检测

经过处理的聚氯乙烯（PVC）几乎总是含有一些含金属的热稳定剂，如铅盐、金属皂和有机锡化合物。金属皂由不同的组合组成，主要是钡、镉、锌和长链脂肪酸钙盐。有实际重要性的主要有钙-锌、钡-锌、钡-镉以及钡-镉-铅体系，而铅和锡稳定剂一般不与其他金属组合。虽然近年来，含铅和镉的稳定剂的使用大大减少，但仍然能发现回收商提供的旧材料和旧 PVC 中含有这些金属。为了在经过处理的 PVC 中定性鉴别这些金属，必须将它们转换成水溶性的状态。一旦这些材料被溶于溶液中，就有可能通过试纸直接鉴别铅、钙、锌或锡。对于钡和镉的鉴别，因为试纸没有市售，所以推荐下列现场测试。

将材料溶解于溶液中，在一个 50mL 的锥形烧瓶中，通过搅拌或晃动将约 1gPVC 溶解在 20mL 四氢呋喃中。如果溶液浑浊，表明存在填料，加入几滴 65％的硝酸，然后将溶液过滤。将澄清的溶液缓慢加入到 60mL 甲醇中以沉淀聚合物。过滤出沉淀物后，最好使用旋转蒸发器将其蒸发至干燥，但它也可以在真空下干燥或在一通风良好的通风罩下干燥（注意！四氢呋喃是易燃的！）。然后，将残余物溶解于少量水和几滴稀硝酸中。此溶液可通过从化学供应公司购买的试纸直接用于各种金属的鉴别。

① 镉的测试　使用以下试剂：将 0.5g2，2-联吡啶和 0.15g 硫酸铁（Ⅱ）（$FeSO_4 \cdot 7H_2O$）溶解于 50mL 水中，并用 10g 碘化钾处理。摇晃 30min 后，将溶液过滤。通常该溶液是稳定的，如果它变浑浊，在使用前需再过滤。操作步骤：一滴微酸性、中性或微碱性的样品溶液滴在一片滤纸上，在滤纸完全吸收液滴之前，立即滴一滴试剂。出现一个红色斑点或环表示镉的存在。

② 钡的测试　一滴中性或微酸性的样品溶液滴在一片滤纸上，然后用一滴 0.2％的玫棕酸钠水溶液进行处理。出现一红棕色的点表明钡的存在。

　　PVC 中最重要的含金属热稳定剂也可以通过红外光谱鉴别（见 8.2 节）。羧酸盐的特征吸收带是从 1590 至 1490cm^{-1} 和从 1410 至 1370cm^{-1} 的区域中电离羧基吸收带。由于吸收带的确切位置主要取决于羧基的金属离子游离状态，红外光谱可提供这些金属的最初鉴别。锡稳定剂在 IR-光谱的这些区域中也显示出特征谱带。为了确定光谱，可使用由细磨的样品材料与溴化钾做成的压片。如果可用 FT-IR（傅里叶变换红外光谱）仪器，金属的鉴别就会变得更加确定。使用这样的仪器，它可以从含稳定剂的 PVC 样品的光谱中去除无添加剂样品的光谱，因此在所得到的光谱中稳定剂的波峰观察得更清楚。高填充的样品或含有增塑剂的样品有可能会出现一些干扰。

　　表 6.8 和表 6.9 分别给出了在 PVC 中使用的含金属稳定剂与有机残留物的典型 IR-吸收带。

表 6.8　PVC 中含金属稳定剂的羧基的典型 IR-吸收带

阳离子	吸收带（强）/cm^{-1}	吸收带（中）/cm^{-1}
钙	1575	1538
钡	1515	1410
锌	1540	1400
镉	1535	1405
铅	1535	1508
锡	1575	1640/1602/1564

表 6.9 PVC 稳定剂的最重要的有机残留物的 IR-吸收带

阴离子残留物	吸收带/cm^{-1}
无支链脂肪酸	720
邻苯二甲酸	650～870
马来酸	860～870
硫醇	1410～1440 和 1220～1620

7 塑料历史文物的鉴别

前几章节主要集中在对当今占主导地位的塑料材料的分析，这些分析方法大部分可追溯到 20 世纪。在此之前的时代，不仅天然树脂，诸如蜂蜡、琥珀、柯巴树脂、古塔胶、虫漆、沥青、犄角、龟甲，以及从纤维素（硝化纤维和醋酸纤维）衍生物、血蛋白（通常作为电木）、或酪蛋白中衍生出的材料，都被用来发现各种各样的用途。此外，我们的祖先利用这些天然材料制作珠宝、装饰品、或日用品，如罐、相框，或者桌面餐具，在此类用途中，这些材料常常取代金属、木材、纸或陶瓷。

今天，术语"塑料"与 1910 年 Richard Escales 创造它时一样，在更广泛意义上被释义为包含这些天然树脂，以及早期的合成树脂。大约 1910 年，酚醛树脂的发明激发了对众多合成塑料的开发，因此，与此同时早期树脂本质上已经失去了应用价值。如今，历史文物的收藏者和许多博物馆管理者以及修缮者发现，鉴定一些早期塑料是极其困难的，因此，本章将给出一些提示，用简易的方法如何能够鉴别这些最重要的早期塑料，当然，受限于前言所概述的局限性。

然而，又一个分析问题出现了：在检测中，稀有和珍贵的物品经常是不能被损坏，所以检测被局限于物品的表面或小样本量。在第 8 章中汇编的许多分析方法只能被用于在大型和配有适当设备的实验室中。关于这点，可参考由 Hummel/Scholl 的出版物（第 2 卷），其中提供了大量关于天然树脂及其衍生物的红外光谱资料。

■ 7.1 常规方法

7.1.1 鉴定年代

在某些情况下，塑料历史文物的材料组分第一个参考它们的生产时期。例如，新艺术风格的文物，大多可追溯到一战前，而表现德国的"新艺术"或者装饰艺术的物品可以由当时通常交易的组成材料来辨别。也许可查阅这些材料的发明或技术引进的实际年代等细节，例如，在显示塑料历史的表中或在相关文献中。

7.1.2 外观

一件文物的透明度也许能提供关于其材料的第一条线索。同等重要的还有其他标准，如其组分、颜料或填料成分以及所用的加工技术，详见表 7.1。

7.1.2.1 透明性

表 7.1 各种塑料及其透明性一览表

透明制品：

- 聚苯乙烯
- 聚甲基丙烯酸甲酯（如有机玻璃）
- 聚碳酸酯
- 浇铸酚醛树脂（浇铸树脂）
- 不饱和热塑性聚酯
- 纤维素酯（如醋酸酯和醋酸丁酸酯）

透明薄膜：
（包括较厚薄片，如注塑制品通常为半透明或不透明）

- 纤维素衍生物［再生纤维素纤维（玻璃纸），硝酸盐，醋酸盐］
- 聚氯乙烯
- 聚对苯二甲酸乙二醇酯
- 聚丙烯

完全不透光：

- 压塑的苯酚甲醛树脂（大多为填充）
- 三聚氰胺和脲醛树脂或硫脲树脂
- 酪蛋白和血蛋白树脂（如乳石、电木）
- 虫漆树脂（如用煤烟灰或岩粉填充）
- 硫化纤维
- 古塔胶
- 硫化橡胶（如硬橡胶）

区分聚苯乙烯和聚甲基丙烯酸甲酯（PMMA），可通过听声频发射检测：当试样掉落到非金属平面上时，聚苯乙烯听起来像金属板，而 PMMA 听起来像硬木。

从前被广泛使用的某些填料，可通过 10 倍的放大镜检测样品表面或它的横截面：

- 木粉以微小尺度出现，或如在酚醛树脂、电木或虫漆树脂中的纤维；
- 纺织碎片主要发现在酚醛树脂中；
- 云母在虫漆树脂和酚醛树脂上表现为闪闪发光的颗粒。

7.1.2.2 硬度

某些塑料材料可用手指甲切割：

- 聚乙烯，聚丙烯次之；
- 软聚氯乙烯；
- 聚氨酯；
- 天然橡胶和古塔胶（除非因老化或硫化而强硬化）。

7.1.2.3 气味

某些无气味的塑料当用湿布摩擦发热时会产生一种特有的气味：

- 酚醛树脂会产生一种典型的酚醛（石碳酸）的气味；
- 硫化橡胶发出一种像硫黄的气味；
- 硝化纤维在摩擦时会释放樟脑的芳香气味，但也可能有酸的气味，樟脑常被用作增塑剂；
- 醋酸纤维素以其醋的气味被鉴别；
- 酪蛋白脂如乳石有时会有甲醛的气味；

- 聚乙烯会产生一种类似蜡的气味。

7.1.2.4 密度

由于塑料的密度很大程度取决于填料或其他添加剂的存在，所以这种性质并非一种特征性能。非填充聚烯烃（聚乙烯和聚丙烯）、许多弹性体（天然橡胶和硅橡胶）和泡沫塑料属于罕见的一类聚合物，它们可以浮在水上。一些含氟聚合物的密度 $\rho \geqslant 2g/cm^3$（表 3.3）。

7.1.2.5 如何区分热塑性塑料与硬质塑料

根据它们的交联度，硬质塑料或者完全不溶，或者可能膨胀，但不溶于特定的溶剂，然而，实际上几乎所有的热塑性塑料或多或少地与强效溶剂接触时都会溶解（表3.2）。对于探索性的测试，通常在试样表面上擦一滴四氯化碳或乙酸酯就够了。这将腐蚀热塑性材料，使其光滑或发亮的表面变得无光或变黏。如有疑问，可以应用表 3.2 中所列的溶剂继续测试，也许还可以在试管中对小块试样缓慢加热。

7.1.2.6 材料在加热时的特性

如果用一颗在火焰上烧过的钉子接触，在试管中或用镊子加热时，热塑性塑料会变软或熔化。在高温下，热塑性塑料会发生化学降解，并在某些情况下，释放可燃性气体或者燃烧。

相比之下，硬质塑料在缓慢加热时最初会保持不变。通常在高温加热更长时间或在明火中燃烧时，它们将开始降解。它们软化和熔融行为的详细说明见 3.3.3 节和表

3.6；然而，这些数据几乎不能可靠地描述对未知样品的鉴别。

在沸水中软化的塑料，有如下一些：

① 低密度聚乙烯

② 聚苯乙烯

③ 某些硝化纤维和醋酸纤维素

④ PVC

⑤ 无交联的天然橡胶

⑥ 某些酪蛋白质

⑦ 虫胶

高分子链的化学性断裂（热解）有时会产生带有特征气味的蒸气。根据它们的化学组分，这些蒸气会使湿润的石蕊试纸或者 pH 试纸变色（表 3.4）。

另一种有效的方法是火焰测试。为此，用一对镊子或金属抹刀夹持一小块待测材料的试样放在本生灯的小火中，若此方法不可用的话，可用蜡烛火焰。对材料燃烧行为的评估，可参考表 3.5 和相关简单的试样鉴别过程（图 3.3）。

加热时的气味释放（见表 7.2） 由于塑料的降解产物对鼻喉有毒或有刺激性，建议在谨慎地做完试验之后，立即迅速、深深地呼出，然后吸入几次新鲜空气。

表 7.2 加热时的特征气味

待鉴别塑料	特征气味
缩醛树脂	强烈的甲醛气味
沥青	热沥青气味
虫胶	热封漆气味
酚醛树脂	苯酚(石碳酸)
古塔胶	烧橡胶
醋酸纤维素	醋或烧纸味
醋酸丁酸纤维素	腐臭的黄油
硝化纤维	樟脑或氮氧化合物
酪蛋白脂	烧糊的牛奶,加热的犄角或烧头发
尿素树脂	甲醛和氨;鱼腥味
三聚氰胺甲醛树脂	鱼腥味
聚酰胺	犄角焦煳味或头发烧焦味
聚氨酯	辛辣气味
聚乙烯和聚丙烯	蜡,蜡烛气味
聚苯乙烯	煤气的芳香气味
PVC	盐酸
软 PVC	像盐酸,有时芳香
聚对苯二甲酸乙二醇酯	甜,像草莓味
聚甲基丙烯酸甲酯	甜,水果味

■ 7.2 几种鉴别早期塑料制品的简易化学方法

为了鉴别从天然原材料中得到的早期塑料，推荐使用几种简单的测试方法。针对许多种可能的物质，因为相关的组成并不是在每种情况下都已知，所以，简单的测试方法往往仅限于所含基本组分的鉴别。

7.2.1 蛋白质的衍生物

由生物材料制成的早期合成树脂的主要低级产品是蛋白质，如酪蛋白、明胶和胶水。

在火焰测试中（见表 3.5），由蛋白质构成的塑料闻起来有犄角焦煳味。然而这种测试无法区别酪蛋白基制品（如乳石）和角蛋白基犄角材料。如果将硬化的酪蛋白（如乳石）试样在稀硫酸中煮沸，大约在 10min 后，将会产生一种辛辣并像奶酪一样的气味，然而天然犄角的样品会产生一种角质的臭味。

在沸水中，深色的血清蛋白块（木香块）会释放一部分血红蛋白，将水染成深色。另一种复杂的测试方法是通过加入硫氰酸铵鉴别血红蛋白中所含的铁。

通过 6.2.16 节描述的测试方法可以检测纤维素衍生物。硫化纤维（也被称为水解纤维）可在 Schweizer 试剂（即铜氨液）中溶解。然而后者比较难于生成，所以常常不适合辨别测试。

象牙主要由无机材料组成，主要成分是磷酸钙，使得象牙具有不可燃性和不熔性。这些性质可以区分磷酸钙和聚酰胺，聚酰胺偶尔被用于人造象牙（聚酰胺见 6.2.10 节）。

7.2.2 天然树脂

在很多情况下，天然树脂，如柯巴树脂、琥珀、虫胶和松香，在早期塑料中使用非常普遍，在它们的特性和化学成分方面存在很大的差异，这取决于它们的来源和生产方法。因此，用简单的技术鉴别这些材料是极其困难、甚至是不可能的。相反，进行一些实验室测试是可取的。以下给出了一些简要的提示，更多详细的研究可参考 Thinius 和 Hummel 的著作，它们大多涉及更复杂的测试方法。

作为最初的实验室测试，可应用在 6.1.1 节中简介的 Liebermann-Storch-Morawski 的显色反应测试方法。这种试验是高度敏感的，但不是特别具体的。除了 6.1.1 节中提到的塑料，以下制品也可以通过它们的显色反应进行鉴别（表 7.3）：

① 松香　紫色变为棕色或橄榄色；

② 马尼拉或刚果柯巴树脂；

表 7.3 天然树脂在加入硫酸后的显色反应

品种	溶于醋酸酐	加入硫酸后
松香	几乎无色	青紫色
柯巴树脂	几乎不溶,浑浊	棕黄色
虫胶	柠檬黄,清澈	微棕黄色

③ 沥青　棕红色或棕色；

④ 香豆酮-茚树脂　橙色或棕色；

⑤ 虫胶　无显色反应。

对于相似的实验，将粉状树脂溶于醋酸酐，并冷处理或加热。冷却后，小心地滴入 1 滴浓硫酸并观察显色反应。

为区分柯巴树脂和松香，将试样放在一个玻璃板上，并用白纸垫在下面，用几滴醋酸酐（体积比 15 份）和浓硫酸（体积比 1 份）制备的新鲜混合液（配制时须谨慎）溶解样品。松香的颜色会迅速地由紫色变为蓝色和绿褐色，然而，柯巴脂会变成黄红色，然后再变成紫褐色。

琥珀、松香、柯巴树脂、乳香和虫胶在接触与钼酸铵（0.1g 混入 5mL 浓硫酸）和氨混合的乙醚时，会产生美丽的蓝色。Thinus 记录了大量的关于上述天然树脂的其他显色反应，但在每种情况下这些反应都不可能明确地鉴别，尤其是酚醛树脂，可能产生相似的颜色。

火焰测试是一种鉴别琥珀和酚醛树脂的简单方法。酚醛树脂是阻燃剂并会释放出一种苯酚和甲醛的气味，然而琥珀具有其独特的树脂气味，并可易燃，在接触一根热针时很容易点燃。

虫胶是唯一一种来源于动物的天然树脂，作为清漆树脂和用于制药和巧克力涂层方面依然具有重要作用。19世纪中叶，虫胶被用于填充模塑材料，直到 20 世纪中叶才有关于虫胶的记载。

不交联的虫胶材料可典型地溶解在 4% 的硼砂溶液中。也可以用紫胶桐酸鉴别，其主要成分如 Hummel 所描述，这是一项更加复杂的技术。

当进行燃烧试验时，虫胶会产生带有蓝芯的橘黄色火焰，并产生火漆的气味。

因为虫胶制品常常不能充分固化，这类材料的成品可以按照下述进行测试：将 1g 切碎的样品放入大约 15mL 的沸腾酒精中约 1h，冷却样品。然后熬浓萃取物，之后在试管中向酒精萃取物中加入稀盐酸或者醋酸检测虫胶；再加热直到试样变得清澈。添加氨后，虫胶变成暗紫色，如果通入漂白氯气，将变成棕色。

其他文献参考第 10 章。

8 现代科学仪器的分析方法

■ 8.1 概述

前几章已经介绍了简单的鉴别方法，通常对于将未知试样归类于某类塑料，这些方法是足够的。当然，利用这些方法，特别是处理复杂组分的塑料时，仅能得到某些定性信息。为得到更加详细的信息，必须采用更先进的分析方法（表 8.1），只能由专业人员实施。

表 8.1　塑料的表征方法

单个大分子结构	表征方法
化学组分	光谱法：红外光谱、傅里叶变换红外光谱、拉曼光谱、紫外光谱、核磁共振（H,C）、原子吸收光谱、热解气相色谱分析法、热解质谱分析法
空间结构	核磁共振、傅里叶变换红外光谱、X 射线散射
分子大小/分子量	数均分子量：蒸气压和膜渗透压、端基分析 重均分子量：光散射、超高离心法 高分子尺寸：光散射、小角度 X 射线散射、小角度中子衍射、溶液和熔体的黏度计 测量数量：极限黏度，Fikentscher K 值或 Mark-Houwink K，流变测量、流动曲线、熔融指数、凝胶渗透色谱法（GPC）、浊度滴定

续表

单个大分子结构	表征方法
支化	黏度、光散射、傅里叶变化红外光谱
化学和空间的非均匀性、序列长度	化学降解、核磁共振、色谱分析
聚合物分子结构	
化学组分分布	分馏法、高效液相色谱法（HPLC）、凝胶渗透红外光谱法（GPC-IR）、紫外光谱法（UV）、核磁共振法（NMR）
序列长度分布	降解、核磁共振（NMR）
空间不均匀性	分馏法、核磁共振
分子大小分布（不均匀性）	凝胶渗透红外光谱法（GPC）、沉淀分馏、超速离心
分子运动	机械和介电弛豫谱、核磁共振、动态光谱和衍射（红外光谱、拉曼光谱、双衍射、X射线、光散射）、准弹性中子散射、流变学
结晶度和熔融温度	红外光谱、固体核磁共振、小角度光散射、大角度X射线散射、光散射和中子散射、密度测量、热膨胀、差示热分析、偏光显微镜、电子显微镜
超分子结构	
粒径大小	电子显微镜、光散射、超速离心沉降、光学显微镜
交联	弹性模量、溶胀度
玻璃转化	动态力学分析、介电常数的温度依赖性、黏度、光折射率和其他性能、差示热分析、热膨胀
取向	偏振显微镜、红外二色性、固体核磁共振、X射线散射、声速

塑料分析不仅涉及聚合材料的鉴别，也涉及在加工前或加工过程中已经添加的添加剂和化学助剂的定性和定量测定。在更广泛的意义上，塑料分析也包括对最终产品性质的测定。这些性质不仅取决于原材料，在相当大程度上也依赖于加工条件。随着塑料分析重点的拓宽，质量控制和质量保证变得越来越重要。

类似地，近年来关于回收废旧塑料日趋增多的举措涉及了许多分析问题。含有塑料混合物的废旧塑料通常可以用简单方法分类和鉴别不同的塑料。然而，同时自动鉴别不同塑料和对其分类仍然是困难的，但却是可能的。对废旧塑料和常年暴露在环境中的塑料，分析问题甚至更加困难；例如，确定老化塑料是否能满足材料再利用的质量要求。因此，除了经典的所谓的化学湿选法和已经被长期使用的某些类型的色谱分析法，越来越多的物理方法正在被用于分析实验室。其中最重要的是不同的色谱、光谱和热分析技术。由于不可能在本书中讨论大量的现代和测试仪表技术，表 8.1 给出了表征塑料重要性能和所用鉴别它们的测定方法的概述。显然，这些表征方法需要相当大的仪器投资和合格的操作者。科研、工业研究实验室以及政府和私有测试实验室可满足这些条件。

■ 8.2 红外光谱法

在 8.1 节提到的分析方法中，红外光谱法因其较低的仪器成本和深受用户欢迎，在现代的分析实验室中经常使用。多年来，红外光谱法一直是塑料和添加剂分析的经典方法。现有大量的红外光谱搜集和数据库，这有助于定性鉴别，在适当的校准之后，同样有助于定量鉴别。当试样对红外线照射不够透明时，比如高填充和交联试样情况，就会遇到问题。这种情况下，反射法和光声光谱法已经被成功地应用，由于这些方法的复杂性，这里将不详细介绍。

最近，近红外光谱法（NIR），以其波数介于 $4000\sim 10000cm^{-1}$ 的红外光谱区域，在塑料混合物的分析中获得了日益突出的地位，尤其是它能直接分析固体材料的能力。近红外光谱法可在几秒钟内检测来自供应商的塑料或废旧塑料。

红外光谱法的原理是波长在 $750nm\sim 1mm$ 间的光可以使分子或分子链段产生振动。这些由吸收激励光产生的振动以吸收带形式出现在红外光谱上。由某些化学键或基团以一定的波长从红外光中吸取的能量导致透明度（透过率）的降低，通常被描绘为关于波数（cm^{-1}）的函数。产生的红外光谱足以对塑料进行鉴别，通常将未知样品的光谱与数据库中已知塑料的红外光谱进行对比（例如，Hummel/Scholl：《聚合物与塑料分析图集》，第三版，Hanser/Wiley-VCH）。

红外光谱从膜状的样品中获取，薄膜厚度应小于大约 $50\mu m$。较厚的样品或树脂颗粒应加热到其软化温度以上，然后加压成膜使其足够薄，以便直接进行红外光谱测试。薄膜也可以由塑料溶液浇铸而成。将几滴溶液置于溴化钾圆盘上，当溶剂完全挥发后，可以在圆盘上直接观察其红外光谱，因为 KBr 在红外光中没有能量吸收，换言之，它是完全透明的。必须确保溶剂挥发完全，以避免因溶剂对吸收带的干扰。因此，完成挥发的途径有：用热板或吹风机加热带有样品的 KBr 圆盘，或将样品放置在干燥器中。如果由于某种原因薄膜无法制备，塑料也可以在经过充分研磨后与 KBr 粉末混合压制成圆盘。通常 1mg 的样品与大约 100mgKBr 混合，所以仅需很少量的样品；然而，压制前在研钵或机械混合器中对样品研粉和 KBr 的充分混合是很重要的。对于橡胶态聚合物，例如，天然橡胶和合成弹性体，在室温下进行研磨是不可能的，研磨必须使用干冰或液氮在低温下进行。一旦研磨和与 KBr 的混合完成，混合物可以在室温下于专用压机上被压制成小片，这种小片可以被直接放进光谱仪。应该注意的是 KBr 具有吸水性，所以在使用前应进行谨慎地干燥，以防吸收光谱受到水吸收带的干扰，水吸收带大约为 $1640\sim3300cm^{-1}$。

8.3 节给出了本书中介绍的最重要的聚合物的红外光

谱。许多其他塑料和添加剂的红外光谱可从各种广泛收集数据和可用的数据库中获取，也可由红外光谱仪制造商提供。应该记住：添加剂的红外光吸收带，如增塑剂、抗氧剂、填充剂，颜料将干扰纯塑料的红外光吸收带；所以，在鉴别塑料之前，必须首先去除这些物质，或者必须应用其他的分析方法。表 8.2 给出了各种聚合物及其红外光吸收带。另外，应将未知样品的光谱与已知聚合物的光谱对比，后者可以自己配备，也可从光谱数据库中获取。应该注意的是，在各种出版物中给出的光谱不总是以相同的纵横轴单位记录的，所以可能会有完全不同的表现形式。

表 8.2　各种聚合物的红外光谱带

单位：cm^{-1}

A. 出现羰基带（1710～1780）	
芳烃带（1600 和 1500）	
有	无
聚氨酯（3330，1690，1540，1220） 　聚酯聚氨酯（3330，1700，1540，1410，1220） 　聚醚聚氨酯（3330，1700，1540，1410，1310，1220，1110） 　对苯二甲酸多元酯（1260，1100，1020，980，880，725）	聚醋酸乙烯酯（1370，1240，1025） 　聚甲基丙烯酸甲酯（1450～1485[①]，1240～1265[①]，1150～1190[①]） 　聚丙烯酸盐脂（1250，1160[②]） 　纤维素酯（1230，1050～1070[②]）

续表

B. 无羰基带

芳烃带（1600 和 1500cm^{-1}）	
有	无
酚醛树脂（3330,1220,670～910） 　双酚 A 环氧化合物（1235,1180,1040,830） 　聚苯乙烯（1450,760,700） 　ABS（2240,970,760,700） 　丁苯共聚物（1450,970,760,700） 　SAN（2240,1450,760,700） 　聚砜（有双酚 A）（1320①,1250,1165①,875,850,835,560） 　聚芳酰胺（3300,1640,1540）	聚乙烯（1470,1380,720～730） 　聚丙烯（1470,1380,1160,1000,970） 　聚丙烯腈（2940,2240,1450,1070） 　脂肪族聚酰胺和脲醛树脂（3300,1640,1540） 　硝化纤维（1640,1280,1160、1060、1000②,834） 　三聚氰胺甲醛树脂（3420,1540②,813） 　聚氯乙烯（1430,1335,1250,1100,960,690,630） 　聚偏二氯乙烯（1400,1350,1050①,660,600,430） 　聚四氟乙烯（1150～1220①） 　聚三氯氟乙烯（Polytrichlorofluoro-ethylene）（1110～1250,910～1000） 　脂肪族聚硅氧烷（1265,1000～1100,800） 　纤维素/玻璃纸（3450②,1000～1060②） 　聚甲醛（1240,1090,935②） 　聚氧化乙烯（1470,1360,1275,1140,1110,1060,950①,840）

　① 双带。
　② 宽带。

8.3　红外光谱

光谱列表

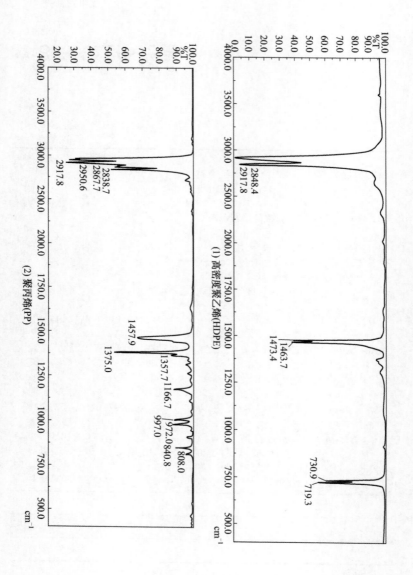

(1) 高密度聚乙烯(HDPE)

(2) 聚丙烯(PP)

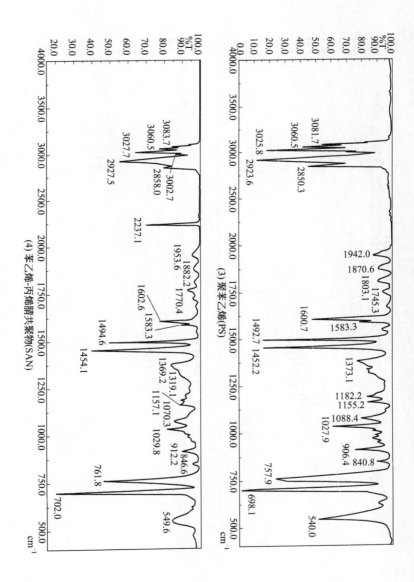

(3) 聚苯乙烯(PS)

(4) 苯乙烯-丙烯腈共聚物(SAN)

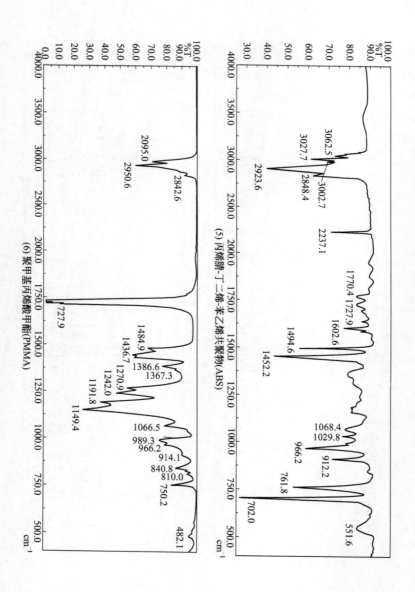

(5) 丙烯腈-丁二烯-苯乙烯共聚物(ABS)

(6) 聚甲基丙烯酸甲酯(PMMA)

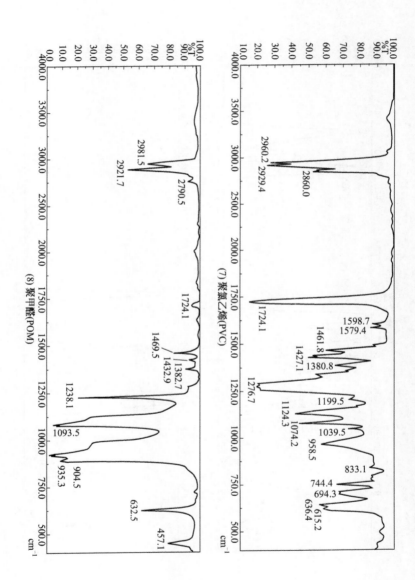

(7) 聚氯乙烯 (PVC)

(8) 聚甲醛 (POM)

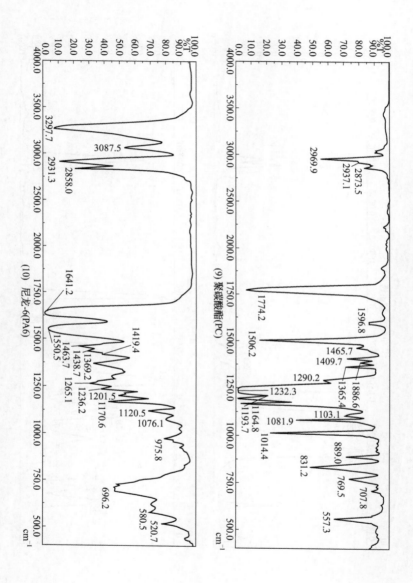

(9) 聚碳酸酯(PC)

(10) 尼龙-6(PA6)

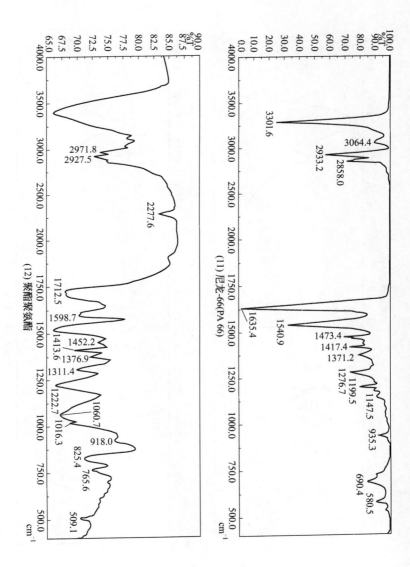

(11) 尼龙-66(PA 66)

(12) 聚酯聚氨酯

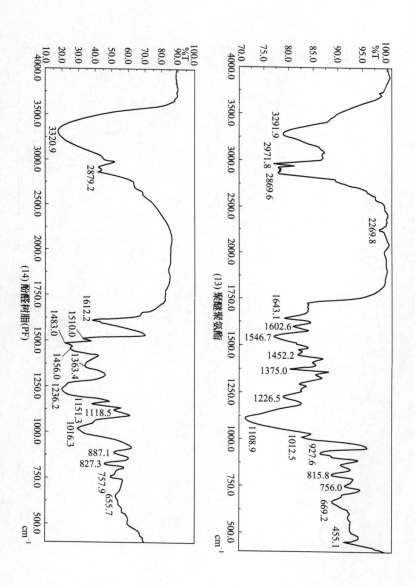

(13) 聚醚聚氨酯

(14) 酚醛树脂(PF)

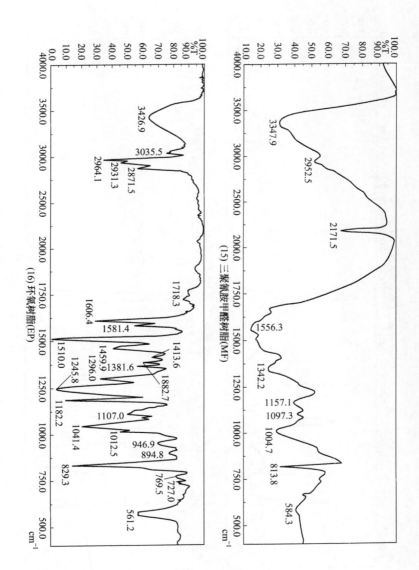

(15) 三聚氰胺甲醛树脂(MF)

(16) 环氧树脂(EP)

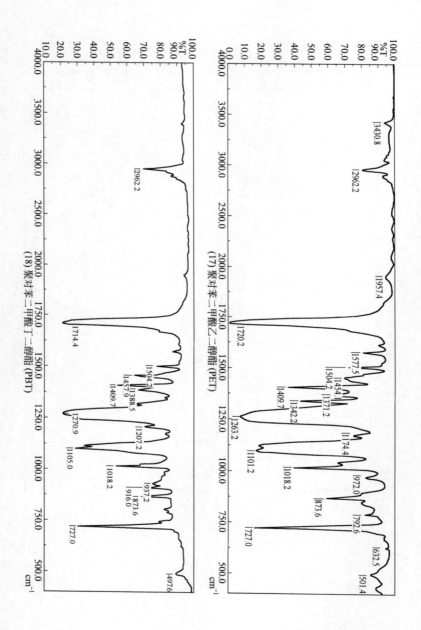

(17) 聚对苯二甲酸乙二醇酯 (PET)

(18) 聚对苯二甲酸丁二醇酯 (PBT)

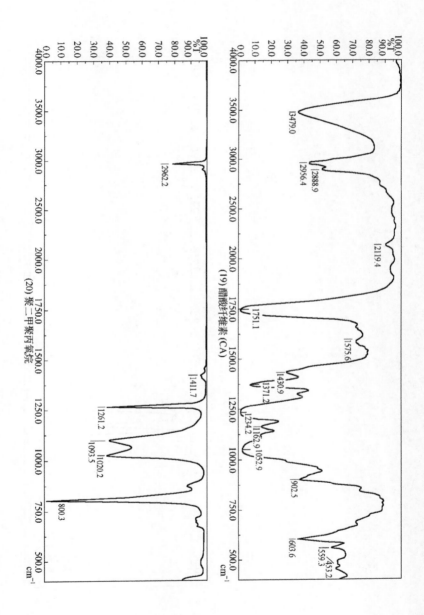

(19) 醋酸纤维素 (CA)

(20) 聚二甲基丙氧烷

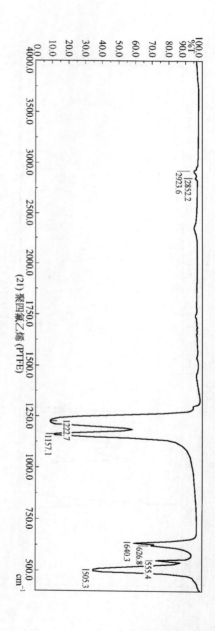

(21) 聚四氟乙烯 (PTFE)

9 附录

9.1 塑料鉴别表

（源自 Hj. Saechtling）

（表 9.1）

表 9.1　物理性能

标准缩写(ISO 1043/ASTM 1600)	名称	无填充密度 /(g/cm³)	透明薄膜	透明清澈	朦胧至不透明	通常含有填料	汽油	甲苯	二氯甲烷	乙醚	丙酮	乙酸乙酯	酒精	水
	通常外观 / 固体制品						**在冷溶剂中的溶解性(大约20℃)　s=可溶，sw=膨胀，i=不可溶**							
1 聚烯烃														
PE	聚乙烯(氯化软聚乙烯到硬见第3组)	≥0.92	+		+		i/sw	sw	i	i/sw	i/sw	i/sw	i	i
		≤0.96					i	i/sw	i/sw	i	i	i	i	i
PP	聚丙烯	0.905	+		+		i/sw	i/sw	i/sw	i	i	i	i	i
PB	聚-1-丁烯	0.915			+		sw	i/sw	i	i/sw	i/sw	i		i
PIB	聚异丁烯	(0.93)		+		+	s	s	s	sw	i	i	i	i
PMP	聚4-甲基-1-戊烯	0.83		+			sw	sw	i	i	i	sw	i	i
2 苯乙烯聚合物														
PS	聚苯乙烯(纯)	1.05	+	+			sw/s	s	s	i/sw	s	s		i
SB	高抗冲聚苯乙烯	1.05		+	+		sw/s	s	s	s	s	s		i
SAN	苯乙烯丙烯腈	1.08	+	+			i	s	s	s	s	s		i
ABS	丙烯腈-丁二烯-苯乙烯共聚物	1.06			+		溶解速率取决于共聚物类型　sw　sw　s　s　s							
ASA	丙烯腈-苯乙烯-丙烯酸酯共聚物	1.07			+								sw	
3 含卤素的均聚物														
PVC	聚氯乙烯，大约含55%的Cl与醋酸乙烯的共聚物(或相似物)	1.39	+	+			i	i/sw	i/sw	i	i/s	i/sw		i
PVCC	耐高温性，含60%～67%的Cl	1.35 ～1.5	+	(+)			共聚物较PVC更容易　i/sw　i　i/sw　i						sw/s	
PVC-HI	抗冲到高抗冲: 含有EVAC具有弹性(或相似物)	1.2~1.35	+		+		i/sw	i/sw	sw/s	i/sw	sw	i/sw		i
	含有氯化聚乙烯具有弹性	1.3~1.35	+		+			sw	sw	i	i	i		i
PEC	氯化聚乙烯(纯均聚物)	1.1~1.3		+			在PE和PVC之间，取决于Cl含量　sw							
PVC-P	增塑(性能取决于增塑剂)	1.2~1.35	+	+			i	sw	sw	sw	sw	sw	sw	i
	增塑剂(通常)由乙醚去除													
PTFE	聚三氟乙烯	2.0~2.3			+		i	i	i	i	i	i	i	i
PFEP PFA ETFE	类似聚三氟氯乙烯的模塑材料	2.0~2.3 / 1.7					PFA,ETFE在热CCl₄(或相似物)中sw							
CTFE	三氟氯乙烯	2.1		+			i	i	i	i	i	i	i	i
PVDF	聚偏二氟乙烯	1.7~1.8	+	(+)			i	i	sw	i/sw	sw	i		i

表 9.1　热降解和鉴别测试

弹性行为			试样在热解管中缓慢加热 m=熔化 d=分解 a=碱性 n=中性 ac=酸性 sac=强酸性	释放出的蒸气反应	小火点燃 0=几乎不燃烧 Ⅰ=在火焰中燃烧，离开火焰则熄灭 Ⅱ=点燃之后持续燃烧 Ⅲ=燃烧剧烈爆裂	在热解管中加热或燃烧熄灭后释放的蒸气气味	特征元素(N,Cl,F,S,Si)，各自鉴别测试(与第4章"杂原子的测试"和第6章"特殊鉴别试验"比较)
类似皮革或橡胶，柔软	具有伸缩性，弹性	坚硬					
	++	+	清澈，m，d 几乎看不到蒸气	n	Ⅱ	黄色火焰，蓝色焰心有燃烧的液滴脱落	不同的熔化范围：105～120℃
	++	++		n	Ⅱ	轻微石蜡的气味，PP和PB有不同的味道，像石蜡和橡胶	125～130℃ 165～170℃ 130～140℃
+			m，蒸发，气体可被点燃	n	Ⅱ	黄色，燃烧缓慢	
		+	m，d，蒸发，有白烟	n	Ⅱ	黄色，蓝色焰心有落滴	245℃
	+		m，蒸发	n	Ⅱ	独特的煤气味 像PS+橡胶	用手破开脆性断裂 白断口
	++		m，微黄，d	n	Ⅱ	类似PS 刺激性气味	N，脆性破裂
		+	m，黄色，d	al	Ⅱ	闪烁，黄色黑亮 像PS+肉桂	
	+		d，变黑	n(ac)	Ⅱ		N，白断口
		+	m，d，黑色残渣	(ac)	Ⅱ	像PS+胡椒	
		+		sac	Ⅰ		Cl，根据Cl含量和软化温度区分材料
		+		sac	Ⅰ		
+	+	+	变软，d 变成褐黑色	sac	Ⅰ/Ⅱ	暗黄色火焰下边缘淡绿	盐酸(HCl)和烧焦的气味
	+	+		sac	Ⅰ/Ⅱ		
+	+		m，变成褐色	sac	Ⅰ/Ⅱ	亮黄色乌黑	HCl+石蜡
+			与PVC相似	sac	Ⅰ/Ⅱ	明亮(由于增塑剂)	HCl+增塑剂 提取增塑剂时变硬
		+	清澈，不熔化，红热状态时d	sac	0	不燃烧，火焰边缘青绿色，无烧焦	红热状态刺激气味：HF；F PFEP，PFA在360℃熔化
	+	+	m，红热状态时d	sac	0	橡PTFE闪烁	HCl+HF ETFE在270℃熔化
	+	+	m，高温状态时d	sac	0/Ⅰ	几乎不可燃	刺激性(HF) F，Cl；F

表 9.1 物理性能（续）

标准缩写(ISO 1043/ASTM 1600) 名称	无填充密度 /(g/cm³)	通常外观 透明薄膜	透明清澈	固体制品 朦胧至不透明	通常含有填料	汽油	甲苯	二氯甲苯	乙醚	丙酮	乙酸乙酯	酒精	水
4 聚醋酸乙烯酯及派生物，聚丙烯酸甲酯													
PVAC 聚醋酸乙烯	1.18	多数处于分散状态				i	s	s	sw	s	s	s	i
PVAL 聚乙烯醇	1.2~1.3					i	i	i	i	i	i	i	s¹⁾
		¹⁾没有乙酰基在热水中也膨胀											
PVB 聚乙烯醇缩丁醛	1.1~1.2	防护玻璃板、分散状混合物				i	sw	sw/s	i	sw/s	sw/s	s	s
	1.1~1.2					i/s							i¹⁾
PMMA 聚甲基丙烯酸甲酯	1.18		+			i	s	s	i	s	i	s	i
						¹⁾聚丙烯酸: s							
AMMA 甲基丙烯酸甲酯/丙烯腈共聚物	1.17		+ 黄色			i	i	i	i	i	i	i	i
5 带有杂原子链结构的聚合物（杂聚物）													
POM 聚甲醛以及类似缩醛树脂	1.41			+		i	i	i	i	i	i	i	i
PPO 聚苯醚(改性)	1.06			+		i	s	s	i	i	i	i	i
PC 聚碳酸酯	1.20	+	+			i	sw	s	sw	sw	sw	i	i
PET 聚对苯二甲酸乙二酯	1.35	+	+			i	i	sw	i	i/sw	sw	i	i
PBT 聚对苯二甲酸丁二酯	1.41	+	+										
PA 聚酰胺(结晶) PA46 to PA12	1.14 1.02	+		+		i							
(无定形)	1.12			+		i	i	sw	i	sw	i	i	i
PSU 聚砜	1.24	(+)	+			i	s	s	i	sw	i/sw	i	
PI 聚酰亚胺	~1.4	+ 黄色				i	i	i	i	i	i	i	i
CA 纤维素衍生物: 醋酸纤维素	1.3	+	+			i	i	sw/s¹	i	sw/s¹	i/s¹⁾	i	
		¹⁾取决于乙酰化程度											

表 9.1　热降解和鉴别测试（续）

类似皮革或橡胶、柔软	具有伸缩性、弹性	坚硬	试样在热解管中缓慢加热 m=熔化 d=分解 a=碱性 n=中性 ac=酸性 sac=强酸性	释放出的蒸气反应	小火点燃 0=几乎不燃烧 Ⅰ=在火焰中燃烧,离开火焰则熄灭 Ⅱ=点燃之后持续燃烧 Ⅲ=燃烧剧烈爆裂		在热解管中加热或燃烧熄灭后释放的蒸气气味	特征元素(N,Cl,F,S,Si),各自鉴别测试(与第4章"杂原子的测试"和第6章"特殊鉴别试验"比较)
+	+		m,变褐色,蒸发	ac	Ⅱ	明亮　乌黑	醋酸和其他气味	
+	+		m,d,变褐色残渣	n	Ⅰ/Ⅱ	明亮	刺激性	
+	+		m,d,起泡沫	ac	Ⅱ	蓝色火焰,黄色边缘	变质的黄油味	
+	+		m,d,蒸发		Ⅱ	稍微明亮乌黑	特色强烈的气味	
		+	变软,d,膨胀并有爆裂声少量残渣	n	Ⅱ	燃烧伴有爆裂声,有落滴明亮	典型的水果味	浇铸亚克力板几乎不变软
		+	变褐色,然后m,d,黑色	al	Ⅱ	乌黑有轻微的火花	开始气味强烈,有刺激性	N
		+	m,d,蒸发	n(ac)	Ⅱ	蓝色,几乎无色	甲醛	
		+	变黑,m,d,褐色蒸气	al	Ⅱ	不易点燃然后又明亮乌黑火焰	开始轻微然后有苯酚气味	淀粉测试
		+	m,黏性	(ac)	Ⅰ	明亮,乌黑多泡,烧焦	开始轻微然后有苯酚气味	
}	+	+	无色,d,褐色　m,c,暗褐色上有白色沉淀	ac	Ⅰ/Ⅱ	明亮,有爆裂声有落滴乌黑	有点甜刺激性	PET在255℃熔化 PBT在220℃熔化
}	+	+	清澈,m	ac	Ⅰ/Ⅱ	不易点燃青黄色边缘有爆裂声,落滴纤维状成型	类似犄角焦烟的特征气味	N,通过定量分析熔点范围区分: PA 46:295℃ PA 66:255℃ PA 6:220℃ PA 11:185℃ PA 12:175℃
		+	d,褐色					
	+	+	m,多泡蒸气不可见,褐色	sac	Ⅱ	不易点燃黄色,乌黑,烧焦	强烈加热苯酚时,开始轻微、最终H_2S气味	
		+	不熔化,强热下褐色发光	al	0	发光		
	+	+	m,d,黑色	ac	Ⅱ	m,有黄绿色液滴,伴有火星	醋酸+燃烧的纸	

表 9.1　物理性能 （续）

标准缩写 (ISO 1043/ASTM 1600)	名称	无填充密度 /(g/cm³)	透明薄膜	透明清澈	朦胧至不透明	通常含有填料	汽油	甲苯	二氯甲烷	乙醚	丙酮	乙酸乙酯	酒精	水
5 含有杂原子链结构的聚合物(杂聚物) (续)														
CAB	醋酸-丁酸纤维素	1.2	+	+			i	sw	s	i	s	s	sw	i
CP	丙酸纤维素	1.2		+			i	i	sw	i	s	s	sw	i
CN	硝酸纤维素(赛璐珞)	1.35-1.4	+	+			i	i	i	sw	s	s	i	i
CMC	(羟甲)基纤维素	>1.29	黏合剂原材料				i	i	i	i¹仅冷的	i	i	i	s¹
	玻璃纸(再生纤维素)	1.45	+				i	i	s	i¹软化	i	i	i	i
Vt	硫化纤维	1.2-1.3				+	i	i	i	i	i	i	i	i
6 酚醛树脂														
PF=苯酚甲醛；包括含有甲酚的树脂														
PF	无填充剂													
	未固化	1.25至			工业树脂		i	i	i	i	s	i	s	(s)
	模塑或浇铸树脂	1.3		(+)			i	i	i	i	i	i	i	i
PF	矿质填充模塑原料					+								
PF	有机填充模塑原料					+	i	i	i	i	i	i	i	i
PF	纸基层压原料					+								
PF	棉基层压原料					+								
PF	石棉或玻纤基层压原料					+								

表 9.1 热降解和鉴别测试 （续）

弹性行为			试样在热解管中缓慢加热			小火点燃		在热解管中加热或燃烧熄灭后释放的蒸气气味	特征元素(N,Cl,F,S,Si),各自鉴别测试(与第4章"杂原子的测试"和第6章"特殊鉴别试验"比较)
类似皮革或橡胶、柔软	具有伸缩性、弹性	坚硬	m=熔化 d=分解 a=碱性 n=中性 ac=酸性 sac=强酸性	释放出的蒸气反应		0=几乎不燃烧 Ⅰ=在火焰中燃烧，离开火焰则熄灭 Ⅱ=点燃之后持续燃烧 Ⅲ=燃烧剧烈爆裂			
		+	m, d, 黑色	ac	Ⅱ	亮黄色，落滴燃烧		醋酸，丁酸	
		+	m, d, 黑色	ac	Ⅱ	与CAB相同		丙酸 燃烧纸	
	+	+	d, 剧烈	sac	Ⅲ	明亮，剧烈褐色蒸气		氮氧化物 (樟脑)	
		+	m, 烧焦	n	Ⅱ	黄色，明亮			
	+		d, 烧焦	n	Ⅱ	像纸一样		烧纸味	
	+	+	d, 烧焦	n	I/Ⅱ	缓慢燃烧		烧纸味	
	+		m, d d, 爆裂声	} n	} I	不易点燃 明亮 乌黑		} 苯酚 甲醛	
		+	d, 爆裂声	n (al)	0/I	明亮 乌黑		苯酚， 甲醛， 可能是氨	
		+	d, 爆裂声	n (al)	I/Ⅱ	烧焦		有机填充 模塑原料	
}	+		d, 分层	n	} Ⅱ	} 明亮， 乌黑		} 如上+ 燃烧纸	
		+	d, 爆裂声	n	0/I	增强结构 残渣		苯酚， 甲醛	

表 9.1　物理性能 (续)

标准缩写(ISO 1043/ASTM 1600)	名称	无填充密度 /(g/cm³)	透明薄膜	透明清澈	朦胧至不透明	通常含有填料	汽油	甲苯	二氯甲烷	乙醚	丙酮	乙酸乙酯	酒精	水
7 氨基树脂														
	(UF=尿素/甲醛　MF=三聚氰胺/甲醛)													
UF/MF	未固化			胶水		+	i	i	i	i	i	i	i	s
UF/MF	有机填充模型原料					+	i	i	i	i	i	i	i	i
MF	矿质填充模型原料				+	+								
MF+PF	有机填充模型原料					+								
MF	玻纤织物基层压原料				+									
8 交联反应树脂														
	(UP=不饱和聚酯　EP=环氧树脂)													
UP	无填充浇铸树脂 (阻燃)	约1.2 (≥1.3)	+				i	i	sw	i	sw	sw	i	i
UP	模型、层压原料			+		+								
EP	浇铸树脂(无填充)	约1.2	+				i	i	sw	i	sw	sw	i	i
EP	模型、层压原料					+								
9 聚氨酯														
PUR	交联的	1.26			+		i	i	sw	i	sw	sw	i	i
PUR	线型的,像橡胶	1.17~1.22	+		+		i	sw	sw	i	sw	sw	i	i
10 硅树脂														
SI	主要为硅橡胶	1.25				+	sw	sw	sw	i	i	i	i	i
	预聚物(硅树脂)			s				I					s	

在冷溶剂中的溶解性(大约20℃) s=可溶,sw=膨胀,i=不可溶

表 9.1 热降解和鉴别测试（续）

弹性行为 类似皮革或橡胶; 柔软 具有伸缩性; 弹性 坚硬		试样在热解管中 缓慢加热 m=熔化 d=分解 a=碱性 n=中性 ac=酸性 sac=强酸性 释放出的蒸气反应		小火点燃 0=几乎不燃烧 Ⅰ=在火焰中燃烧 离开火焰则熄灭 Ⅱ=点燃之后持续 燃烧 Ⅲ=燃烧剧烈爆裂		在热解管中加 热或燃烧熄灭 后释放的蒸气 气味	特征元素(N,Cl,F, S,Si),各自鉴别测 试(与第4章"杂 原子的测试"和 第6章"特殊鉴别 试验"比较)
	+ + + + + + +	d, 爆裂声, 变暗, 膨胀	al	0/Ⅰ	极难点燃, 火焰微黄 材料烧焦伴 有白色边缘	氨水, 胺味 恶心腥臭味, (特别是含有 硫脲)甲醛	N, 可能含S
	+ +	变暗, m 爆裂声, d 可能上面有 白色沉淀	n (ac)	Ⅱ (Ⅰ)	明亮, 黄色 乌黑, 如果 没有填料则 变软, 否则 有爆裂声, 烧焦, 纤维 或玻璃或玻 纤残渣	苯乙烯和 强烈的其他 气味	可燃性也取决于 填料和颜料
	+ +	变暗, 从边 缘d爆裂声, 可能上面有 白色沉淀, (未交联)	o or al	Ⅱ Ⅰ/Ⅱ	不易点燃, 燃烧时有小 黄色火焰, 乌黑	取决于固化 剂, 像酯类 或胺类(与PA 类似)然后有 苯酚味	N含有胺类 固化剂
+	+	在强热下 m, 然后d	al ac	Ⅱ	不易点燃, 黄色, 明亮 起泡沫, 有 落滴	典型的难闻 的刺激性的 (异氰酸盐)	N
+		仅在强热 下d白色 粉末	n	0	火焰闪烁	有白烟, 最终分解为 SiO_2残留物	SI

■ 9.2 化学药品

本章中列出了进行前述的测试所需的化学药品。它们可以从供应商购得。建议最重要的酸、碱和溶剂应至少订购 0.5～1L。稀溶液可以在实验室制备。对于指示试剂，一般订购 1～5g 就足够了。对于储藏化学药品，应该仅能使用有明确标识的瓶子，除非试剂是以有标签的塑料容器供货。

必须再次指出的是，许多有机溶剂是可燃的，所以应该少量储存。浓酸碱使用也需要专业安全的措施，因为它们对皮肤和眼睛会造成伤害。

所有在这里命名的溶剂和化学药品均可以不同纯度用于分析，例如，工业纯、纯、化学纯等。尽量只使用分析纯试剂，在储存中已经变黄或变暗的溶剂，使用前必须进行蒸馏。

9.2.1 酸和碱

表 9.2 提供了用商用浓溶液制备所需稀溶液的指南。如无另加说明，本书中使用的稀溶液指的是约 2 当量（2N）溶液。在稀释浓酸或碱的过程中，通常将酸或碱加入到所需量的蒸馏水或去离子水中，不可反向操作，因为产生的热会使液体飞溅（通常要佩戴安全防护眼镜）。

表 9.2 商用酸和碱的浓度和密度

酸或碱	质量/%	含量/(mol/L)	当量浓度
浓硫酸(密度＝1.84g/cm³)	96		37
稀硫酸	9	1	2
发烟硝酸	86		
浓硝酸(密度＝1.40g/cm³)	65	10	10
稀硝酸	12	2	2
发烟盐酸(密度＝1.19g/cm³)	38	12.5	12.5
浓盐酸(密度＝1.16g/cm³)	32	10	10
稀盐酸	7	2	2
冰醋酸	100		17
稀醋酸	12	2	2
稀氢氧化钠	7.5	2	2
浓氨水	25	13	6.5
稀氨水	3.5	2	

根据以下指南在实验室制备稀溶液：

① 稀硫酸 在 90mL 的水中加入 5mL 浓酸（密度＝1.84g/cm³）；

② 稀硝酸 在 80mL 的水中加入 13mL 浓酸（密度＝1.40g/cm³）；

③ 稀盐酸 在 80mL 的水中加入 19mL 浓酸（密度＝1.16g/cm³）；

④ 稀醋酸 在 88mL 的水中加入 12mL 冰醋酸；

⑤ 稀氨水 在 90mL 的水中加入 17mL 浓氨水（密

度$=0.882g/cm^3$）；

　　⑥ 稀氢氧化钠　在 100mL 的水中溶解 8g 氢氧化钠。

除了表 9.2 中提到的酸和碱之外，经常还需：

- 无水醋酸；
- 甲酸；
- 3％的双氧水。

　　所有水溶液的制备，通常使用蒸馏水或去离子水，不要使用自来水。聚乙烯塑料软瓶（250mL 的容量）通常是很实用的，因为其非常适于蒸馏水和甲醇的存储。

9.2.2　无机化学药品

- 无水氯化锌⎫
　　　　　　⎬用于密度测定
- 无水氯化镁⎭
- 硫化亚铁（Ⅱ）
- 氯化铁（Ⅲ）（1.5mol/L 水溶液）
- 硝酸钠
- 乙酸铅作为 2mol/L 溶液（100g 水中加入 26.7g）
- 2％的硝酸银溶液（避光储存）
- 氯化钙
- 氢氧化钠
- 钼酸铵
- 硫酸铵

- 碳酸钠（无水）
- 玫棕酸钠
- 氢氧化钠
- 过氧化钠
- 亚硝酸钠
- 乙酸钠
- 硫代硫酸钠
- 次氯酸钠或漂白粉溶液
- 氯化钡
- 氢氧化钾（100g 水中加入 2.8g）
- 碘化钾
- 氧化汞
- 硫酸镍
- 乙酸铜
- 硝酸镧
- 硼砂
- 氢氧化钡，大约 0.2mol/L（100g 水中加入 1.7g）
- 石油或其他惰性液体中的钠或钾
- 0.1mol/L 的碘-碘化钾溶液：将 16.7g 的碘化钾溶于 200mL 水中，然后将 12.7g 的碘溶于该溶液，并用 1000mL 的水稀释。
- Wijs 溶液或一氯化碘溶液（见 6.1.18 节）。
- 锌粉

9.2.3 有机溶剂

不是所有在表 3.1 中列出的有机溶剂是必需的。供给可局限于以下：

- 甲苯
- 对二甲苯
- 硝基苯
- 正己烷和石油醚
- 环己酮
- 四氢呋喃
- 二氧己环
- 乙醚
- 甲酰胺
- 二甲基甲酰胺
- 二甲亚砜
- 氯仿
- 四氯化碳
- 甲醇
- 乙醇
- 乙二醇
- 丙酮
- 间甲酚
- 苄醇
- 苄胺

- 哌嗪
- 吡啶

9.2.4 有机试剂

- 联苯胺
- 2,2'-联吡啶
- 二苯胺
- 变色酸
- 麝香草酚
- 吗啉
- 对苯二酚
- 邻硝基苯甲醛
- 对二甲基氨基苯甲醛
- 2,6-二溴苯醌-4-氯酰亚胺
- 萘酚
- 4-硝基苯重氮氟硼酸（Nitrazol CF-extrl）
- 2,4-二硝基苯磺酸
- 苯肼
- 脲酶

9.2.5 其他

- 石蕊试纸（红和蓝色）

- 刚果红试纸
- pH 试纸，作为许多实验的通用试纸
- 醋酸铅试纸（放于密闭避光的瓶中）
- 原棉
- 玻璃棉
- 细砂
- 银币（用于鉴别硫）
- 铜线
- 活性炭

重要提示：在实验室安全操作以及所有有机溶剂和化学药品的存储中，请参考安全须知。在实验室工作，通常要戴安全防护眼镜，穿防护衣；防止皮肤与化学药品和溶剂接触（戴防护手套）。

■ 9.3 实验室辅助工具及设备

本书介绍的测试，通常不需要实验室常规设备之外的任何装置或设备。以下列出的设备，如果实验室没有配备的话，应必须订购。

对于加热，只要有可能，使用加热板或加热罩。明火、本生灯、或者在没有燃气接入连接的条件下，酒精灯或固体酒精灯仅用于需要在试管或裂解试管中加热样品时。对于火焰测试，蜡烛就足够了。

9.3.1 基本设备

- 安全防护眼镜、防护衣、防护手套
- 试管，小型，直径大约 7mm；中型，直径大约 15mm
- 适用于试管的软木塞或橡胶塞
- 烧杯，50mL，100mL，125mL，1000mL
- 玻璃漏斗，直径大约 4mm 和 7mm
- 表面皿
- 燃烧管，大约 8×70mm
- 玻璃棒
- 量筒，10mL，100mL，500mL
- 吸液管，1mL，10mL
- 瓷研钵，带杵，直径大约 10cm
- 瓷板
- 瓷杯，直径大约 5mL
- 瓷坩埚，直径大约 $3 \sim 3.5$cm
- 铂或镍坩埚，直径大约 3cm
- 量气计，用于密度测量，范围 $0.8 \sim 2.2$g/cm^3
- 小天平（如果没有更好的，信件称重计就足够）
- 试管架
- 试管钳
- 坩埚钳
- 镊子

- 抹刀
- 小刀
- 订装滤纸和漏斗用圆滤纸
- 金属制油浴锅（最好的，硅油）

9.3.2　附加设备

- 磨粉机，用于研磨塑料样品
- 加热罩和夹子固定支架
- 蒸馏烧瓶和回流冷凝器（见图 6.2）
- 索氏提取器（见图 2.1）
- 热台显微镜（见图 3.4）或熔点显微镜

■ 9.4　部分聚合物缩写

ABR　丙烯酸丁二烯橡胶

ABS　丙烯腈/丁二烯/苯乙烯共聚物

ACM　丙烯酸酯橡胶

AES　丙烯酸/乙烯/苯乙烯共聚物

AMMA　丙烯腈/甲基丙烯酸甲酯共聚物

ANM　丙烯酸酯丙烯腈橡胶

APP　无规聚丙烯

ASA　丙烯腈/苯乙烯/丙烯酸酯共聚物

BR　聚丁二烯橡胶

BS　丁二烯-苯乙烯共聚物（也见 SB）

CA　醋酸纤维素

CAB　醋酸-丁酸纤维素

CAP　醋酸-丙酸纤维素

CF　甲醛-甲酚树脂

CHR　均聚氯醇橡胶（也见 CO）

CMC　羧甲基纤维素

CN　硝酸纤维素

CO　氯醚橡胶

CP　丙酸纤维素

CPE　氯化聚乙烯

CR　氯丁橡胶

CS　酪蛋白

CSM　氯磺化聚乙烯橡胶

CTA　三醋酸纤维素

CTFE　三氟氯乙烯（也见 PCTFE）

EAA　乙烯-丙烯酸共聚物

EAM　乙烯-醋酸乙烯酯共聚物

EC　乙基纤维素

ECB　乙烯共聚物和沥青的共混物

ECTFE　聚（乙烯-三氟氯乙烯）

EEA　乙烯-醋酸丙烯共聚物

EMA　乙烯/甲基丙烯酸共聚物

EP 环氧树脂

EPDM 三元乙丙橡胶

EPE 可发性聚乙烯（珍珠棉）

EPM 乙烯-丙烯共聚物（也见 EPR）

EPR 乙丙橡胶（也见 EPM）

EPS 可发性聚苯乙烯（也见 XPS）

ETFE 乙烯-四氟乙烯共聚物

EVA 乙烯-醋酸乙烯共聚物

EVAL 乙烯-乙烯醇共聚物

EVE 乙烯基乙基醚

FEP 氟化乙烯丙烯共聚物

FF 呋喃甲醛

FPM 氟橡胶

FSI 氟化硅橡胶

GR-I 异丁橡胶（前美国缩写，也见 IIR，PIBI）

GR-N 丁腈橡胶

GP-S 丁苯橡胶（前美国缩写；见 PBS，SBR）

HDPE 高密度聚乙烯

HEC 羟乙基纤维素

HIPS 高抗冲聚苯乙烯

IIR 丁基橡胶（也见 GP-I，PIBI）

IPN 互贯网络聚合物

IR 异戊二烯橡胶

LDPE 低密度聚乙烯

LLDPE　线型低密度聚乙烯

MABS　甲基丙烯酸甲酯-丙烯腈-丁二烯-苯乙烯共
聚物

MBS　甲基丙烯酸甲酯-丁二烯-苯乙烯共聚物

MC　甲基纤维素

MF　三聚氰胺-甲醛树脂

MPF　三聚氨胺-酚醛树脂

NBR　丁腈橡胶

NC　硝基纤维素（也见 CN）

NCR　丙烯腈-氯丁橡胶

NIR　丙烯腈-异戊二烯橡胶

NR　天然橡胶（顺 1,4-聚异戊二烯）

PA　聚酰胺（尼龙）

PAA　聚丙烯酸

PAI　聚酰胺-酰亚胺

PAN　聚丙烯腈

PB　聚-1-丁烯

PBI　聚苯并咪唑

PBMA　聚甲基丙烯酸正丁酯

PBR　丙烯-丁二烯橡胶

PBS　聚（丁二烯-苯乙烯）（也见 GP-S，SBR）

PBT，PBTP　聚对苯二甲酸丁二酯

PC　聚碳酸酯

PCTFE　聚三氟氯乙烯

PDAP　聚对苯二甲酸二烯丙酯

PDMS　聚二甲基硅氧烷

PE　聚乙烯

PEC　氯化聚乙烯（见 CPE）

PEEK　聚醚醚铜

PEI　聚醚酰亚胺

PEO，PEOX　聚氧化乙烯

PEP　乙丙共聚物（也见 EPR）

PEPA　聚醚酰胺嵌段共聚物

PES　聚醚砜

PET　聚对苯二甲酸乙二酯

PF　酚醛树脂

PFA　全氟烷氧基树脂

PFEP　聚全氟（乙烯/丙烯）共聚物

PI　聚酰亚胺

PIB　聚异丁烯

PIBI　丁基橡胶

PIR　聚三聚氰三酯

PMA　聚丙烯酸甲酯

PMI　聚甲基丙烯（酰）亚胺

PMMA　聚甲基丙烯酸甲酯

PMP　聚 4-甲基-1-戊烯

PO　环氧乙烷

POM　聚甲醛

POR 环氧丙烷橡胶

PP 聚丙烯

PPE 聚苯醚

PPMS 对甲基苯乙烯

PPO 聚苯醚（PPO/PPE）

PPOX 聚环氧丙烷

PPS 聚苯硫醚

PPSU 聚苯砜聚芳碱

PS 聚苯乙烯

PSB 聚苯乙烯-丁二烯共聚物（见 GP-S，SBR）

PSU 聚砜

PTFE 聚四氟乙烯

PTMT 聚对苯二甲酸丁二酯（也见 PBT，PBTP）

PUR 聚氨酯

PVA，PVAC 聚乙烯醇，聚醋酸乙烯乳液

PVAL 乙烯醇系纤维

PVB 聚乙烯醇缩丁醛

PVC 聚氯乙烯

PVCA 聚氯乙烯醋酸酯（也记 PVCAC）

PVCC 氯化聚氯乙烯

PCDC 聚偏二氯乙烯

PVDF 聚偏二氟乙烯

PVF 聚氟乙烯

PVFM 聚乙烯醇缩甲醛（也记 PVFO）

PVK　聚乙烯基咔唑

PVP　聚乙烯基吡咯烷酮

RF　甲苯二酚-甲醛树脂

SAN　丙烯腈树脂

SB　苯乙烯-丁二烯共聚物

SBR　丁苯橡胶（见 GR-S）

SI　聚硅氧烷

SMA　苯乙烯-顺丁烯二酸酐共聚物

SMS　苯乙烯-α-甲基苯乙烯共聚物

TPE　磷酸三苯酯

TPU　热塑性聚氨酯树脂

TPX　4-甲基-1-戊烯

UF　脲甲醛树脂

UP　不饱和聚酯

VCE　氯乙烯/乙烯树脂

VCVDC　氯乙烯/偏氯乙烯共聚物

VF　硬质纤维（硫化橡胶）

XPS　可发性聚苯乙烯（见 EPS）

参考文献

[1] *Bark, L. S., Allen, N. S. (Eds.):*
Analysis of Polymer Systems.
Applied Science Publishers Ltd., London, 1982.

[2] *Compton, T. R.:*
Chemical Analysis of Additives in Plastics, 2nd ed.
Pergamon, Oxford, New York, 1977.

[3] *Garton, A.:*
Infrared Spectroscopy of Polymer Blends, Composites and Surfaces.
Hanser Publishers, Munich, Cincinnati, 1992.

[4] *Haslam, J., Willis, H. A., Squirrel, D. C. M.:*
Identification and Analysis of Plastics, 2nd ed.
Butterworth, London, 1972; Paperback Reprint Edition, Heyden & Son, London and Philadelphia, 1980.

[5] *Hummel, D. O., Scholl, F.:*
Atlas of Polymer and Plastics Analysis, 2nd Revised ed. (3 vols.): Vol. 1: Polymers, Structures and Spectra. Vol. 2a: Plastics, Fibers, Rubbers, Resins, Starting and Auxiliary Materials, Degradation Products. Vol. 2b: Spectra. Vol. 3: Additives and Processing Aids.
Carl Hanser Verlag, Munich, Vienna/VCH (Wiley-VCH) Weinheim, New York, 1978, 1981, 1985, 1986.

[6] *Mitchell, J. Jr. (Ed.):*
Applied Polymer Analysis and Characterization.
Hanser Publishers, Munich, Vienna, 1987.

[7] *Quye, A., Williamson, C.:*
Plastics, Collecting and Conserving, NMS, Publishing Limited, Edinburgh, 1999.

[8] *Ezrin, M.:*
Plastic Failure Guide. Cause and Prevention, 2nd ed.
Hanser Publishers, Munich, 2013.

[9] *Schröder, E., Müller, G., Arndt K.-F.:*
Polymer Characterization.
Hanser Publishers, Munich, New York, 1989.

[10] *Verleye, G. A. L., Roeges, N. P. G., De Moor, M. O.:*
Easy Identification of Plastics and Rubber.
Rapra Technology Ltd., Strawbury, 2001.